태고의
유전자

태고의 유전자

초판 1쇄 찍음 2008년 8월 5일
초판 1쇄 펴냄 2008년 8월 12일

지은이 뤽 뷔르긴
옮긴이 류동수

주간 강창래
편집진행 임성은 **편집** 서재영
디자인 아르떼203
마케팅 양승우, 정복순, 최동민 **관리** 최희은

인쇄제본 상지사
종이 화인페이퍼

펴낸곳 도솔출판사
펴낸이 최정환
등록번호 제1-867호 **등록일자** 1989년 1월 17일
주소 121-841 서울시 마포구 서교동 460-8번지
전화 335-5755 **팩스** 335-6069
홈페이지 www.dosolbooks.com
전자우편 dosol511@empal.com

값은 뒤표지에 있습니다.

ISBN 978-89-7220-224-0 03470

Der Urzeit Code

뤽 뷔르긴 지음 | 류동수 옮김

태고의 유전자

들 어 가 는 글

여러분은 기적을 믿는가? 나는 믿는다. 우리를 둘러싸고 있지만 눈으로 볼 수도 자로 잴 수도 없는 그런 것이 존재한다고 믿는다. 단, 우리가 그것에 대해 아는 바가 전혀 없을 때는 현실 속에서 그 존재를 실감할 수 없다. 모든 것은 우리가 인식을 하고 나서야 비로소 존재하기 시작한다.

바이러스나 박테리아 같은 미생물만 봐도 그렇다. 이것들은 옛날부터 득실득실했지만 우리가 그 존재를 알게 된 것은 300년이 채 되지 않는다. 우리는 이것들에 이름을 부여했고, 그럼으로써 이들은 인간의 인지 세계 안에서 한자리를 차지하게 되었다. 전자, 양성자, 중성미자(중성자가 양성자와 전자로 붕괴될 때에 생기는 소립자─옮긴이) 같은 입자를 생각해보자. 우리는 지난 세기 들어서야 비로소 이것들을 제대로 의식하기 시작했지만 실상 이들은 이 우주의 시초부터 이미 존재했다.

우리를 둘러싼 주변에서는 매일 별난 일들이 일어난다. 하지만 그것을 감지하는 사람은 극소수일 뿐이다. 아무도 그것을 찾지 않기 때문이다. 과학은 우리에게서 기적에 대한 믿음을 앗아가버렸다. 그 이후 우리가 믿는 것은 과학일 뿐이다. 동시에 우리는 그 크기를 재보지도 않고서 자연이 유한하다고 믿는다. 많은 사람들이 자연 바깥에 존재하는 것은 실제라고 여기지 않는다. 그들에게는 그런 것들이 존재하지도 않는 셈이다.

인간이 옛날부터 귀머거리였다고 상상해보자. 그랬다면 뇌성벽력도 없을 것이다. 그 소리를 들을 수 없을 테니 말이다. 우리에게 후각이 없다고, 아니면 볼 수 없다고 상상해보자. 우리는 꽃이 향기롭고 아름답다는 사실을 전혀 모를 것이다. 무지개도, 밤하늘의 별도 존재하지 않으리라. 무지개나 별을 찾아 쳐다볼 생각조차 하지 않았을 테니까.

다행히도 우리는 볼 수 있고 들을 수도 있다. 인류가 개와 같이 예민한 코를 지닌 때도 있었다. 아직도 그런 능력에 대한 정보는 우리 유전자 속에 저장되어 있다. 다만 진화하면서 그 활동을 멈추었을 뿐이다. 셀 수 없이 많은 다른 능력들도 마찬가지다. 한편으로 우리는 짐승을 사육하고 식물을 재배하는 과정에서 그들이 지닌 모든 잠재적 특성들을 제거해버렸다. 동식물 자체를 개선한 것이 아니라 그저 생산성을 개선한 것이다.

그렇다면 사라져버린 유전자질을 되살리는 일이 가능할까? 유전공학의 도움 없이 말이다. 오래전에 멸종한 것으로 우리가 믿고 있는, 하지만 자연의 기억 속에는 남아 있는 야생 형태의 생물을 다시 일깨울 수는 없을까? 구이도 에프너와 하인츠 쉬르히가 스위스의 거대 제약업체인 치바가이기 그룹에서 진행한 경이로운 연구는 이러한 희망을 자극한다.

아직까지 학계에서는 무시되고 있지만 이들의 실험은 오늘날 우리가 자연에 대해 아는 내용이 얼마나 미미한 수준인지를 잘 보여준다. 더불어 앞으로 어떤 기대를 할 수 있을지에 대헤서도 생각하게 만든다. 참으로 기적 같은 일이다. 교과서에 실린 지식만으로는 아직 설명할 수 없는 그런 일이다. 이를 통해 진화를 이해하는 데 혁신이 일어날지도 모른다. 그런 점에서, 이 책을 읽으려면 약간의 용기가 있어야 할 것이나. 새로운 섯에 발을 늘여놓으려는 용기 말이다. 상상력도 좀 있어야 한다. 지금까지와는 다른 고찰 방식을 동원해야 하니까 말이다.

아주 약간의 상상력만으로도 세상은 훨씬 더 실제적이 될 것이다. 생체물리적인 변이를 머릿속에 그릴 줄 모르는 사람은 그것을 인식할 수도 없다. 도대체 그것이 어떤 것일지 예상하지 못하니 말이다. 생물이 전기장 안에서 변화할 수 있다는 가능성을 애당초 배제해버리는 사람은 이에 대한 연구 자체를 하지 않을 것이다. 아무것도 기대하지 않기 때문이다. 자연이 기대와는 다른 반응을 할 수 있다고 상상하지 못하는 사람은 자연 앞에서 눈을 감아버린다. 이들은 자연이 어떤 식으로 변덕을 부리는지 이미 오래전부터 잘 알고 있다고 자신할 뿐이다.

회의론자란 의심하는 가운데 비관하는 사람들이다. 이 비관주의자들은 지구에 질린 사람들이다. 이들 무리의 일원이 된다면 새로운 세상을 향한 시선을 스스로 차단하는 꼴이 될 것이다. 참으로 안타까운 일이다. 회의론자들은 일차적으로 이성을 앞세워 부르짖는다. 그 이성이란 스스로를 제한함으로써 규정되는 것이다. 참 그럴듯한 제한이라 할 만하다.

이제는 분명히 밝힐 때가 되었다. 제도권의 수많은 과학자들이 자신의 경험에 어긋난다는 이유로 오늘날까지 믿고 싶어 하지 않았던 그 무엇을. 너무나 부당하게도 시대의 서랍 속에 묻혀 있던 그 천재적 발견을 이제 다시 기억해내야 할 때다. 그리고 다시 기적을 믿어야 할 때다. 기적의 존재를 믿을 때에만 기적을 발견할 수 있는 법이다.

1992년, 독일의 제1공영 방송 아에르데(ARD)의 〈리포트〉라는 프로그램은 치바 그룹의 연구와 관련한 방송을 이렇게 예고했다.

"몇 주 전이었다면 선사시대의 동식물을 지금 우리 눈앞에 가져올 수 있으리라고 믿지 않았을 것입니다. 그런데 그게 가능합니다!"

뤽 뷔르긴

감사의 글

이 책을 쓸 수 있었던 것은 무엇보다 구이도 에프너 박사와 하인츠 쉬르히 덕분이었습니다. 다니엘 에프너와 니쿤야 에프너에게도 고마움을 전합니다. 이들은 제 프로젝트를 처음부터 열렬히 지원해주었습니다. 또 제가 던진 수많은 질문을 늘 열린 귀로 듣고 답해주었습니다. 그런 멋진 도움에 감사의 뜻을 표합니다. 이 자리에서 꼭 거명하여 감사의 말씀을 드려야 할 분들이 계십니다. 베르너 아르버 교수님, 베른하르트 보스 하르트, 루트 그레마우트, 마르쿠스 요르디, 라울 웨드라오고 박사님, 군터 로테 교수님, 악셀 셴, 마르틴 쉬르히, 베다 슈타들러 교수님 그리고 에드가 바그너 교수님, 감사합니다.

차례

Part 01 ⋮ 역진화

전기장에 유전자 유령이 나타나다

서막

1988년 12월 17일. 스위스 루체른 주의 수르제 시에서 매력적인 여성의 목소리가 방송을 타고 흘렀다.

"쿠르트 펠릭스가 선사하는 100분 동안의 즐거움! 그 경이로운 세계로 여러분을 초대합니다."

그 토요일 밤, 인기 높은 가족 오락 프로그램인 〈슈퍼트레퍼〉에서는 아주 깜짝 놀랄 일이 벌어질 것이라는 예고가 있었다. 경악할 만큼 놀라운 일이.

프로그램의 몇 꼭지가 지나고 마침내 기다리던 때가 되었다. 진행자 쿠르트 펠릭스가 청중을 향해 운을 뗐다.

"이제 여러분께 과학계가 이룬 엄청난 업적을 한 가지 보여드리고자 합니다. 제가 자신 있게 말씀드리는데, 정말 과학계의 경이라 할만한 일입니다. 지금까지 감춰져 있던 놀라운 사건을 소개합니다."

그러자 스위스의 거대 제약업체 치바가이기 그룹의 물리화학자인 구이도 에프너 박사가 무대로 나섰다. 동료 연구원 하인츠 쉬르히는 이미 현미경 뒤에 앉아 있었다. 두 사람은 자신들의 독창적인 실험을 막힘없이 설명하기 시작했다. 이들은 1987년 세계 최초로 2억 년이나 된, 그러니까 공룡들이 지구를 막 정복하기 시작하던 시기의 소금 결정체에서 태고 시대의 곰팡이 유기체를 분리해내는 데 성공했던 것이다.

과학계의 일대 사건이었다. 이 유기체는 지금까지 그 존재가 알려져 있지 않은 호염성(好鹽性: 높은 농도의 염분 속에서도 생명을 유지할 수 있는 성질-옮긴이) 스코풀라리옵스라는 것이 나중에 밝혀졌다. 이 작디작은 태고 시대의 유기체는 소금물 속에서 몇 주를 지낸 후 모두의 예상을 깨고 왕성한 활동성을 보였다.

텔레비전 시청자들은 몇 분 후 인류가 지금까지 보지 못했던 식물을 사상 최초로, 그것도 살아 있는 상태로 목격하게 될 것이라는 사실을 아직 모르고 있었다. 쿠르트 펠릭스는 기대에 가득 찬 눈길로 두 과학자를 바라보았다. 에프너 박사 앞에는 평범하게 생긴 화분이 하나 놓여 있었다.

"이 식물을 수백만 년 전의 모습으로 자라게 할 수 있다는 말씀이지요?"

"네."

펠릭스의 질문에 에프너 박사는 물론이라는 듯 미소를 지으며 화분을 집어 들었다.

"이건 양치류입니다. 그러니까 '관중'이라고도 하는 일종의 고사리

스위스의 주말 텔레비전 프로그램인 〈슈퍼트레퍼〉에 출연한 치바가이기 사의 두 과학자. 맨 오른쪽의 하인츠 쉬르히 연구원이 프로그램 진행자인 쿠르트 펠릭스에게 수백만 년이나 된 소금 결정을 건네고 있다. 소금 결정 속에는 태고 시대의 유기체도 함께 들어 있었는데, 전기장의 도움으로 생명을 "되찾게" 되었다.

입니다. 여러분도 잘 아시죠?"

"그렇습니다."

펠릭스는 맞장구를 치고는 구부정한 모양새를 한 그 조그만 식물을 자세히 들여다보았다. 그러고는 이렇게 한마디 덧붙였다.

"이런 고사리는 저도 하나 갖고 있는데요. 여기 이것보다는 좀 더 예쁘지만 말입니다."

"이 녀석은 지금 시기상 가을을 느끼고 있습니다. 이렇게 솜털이 보송보송한 고사리의 홀씨를 전기장 안에서 처리를 한 다음 키웠습니다. 자, 어떻게 되었는지 여기를 보시죠."

에프너 박사는 전혀 다른 종류의, 엄청나게 웃자란 골고사리를 가리켰다. 잎 모양은 앞으로 쑥 내민 혀 같았다.

펠릭스는 이 골고사리를 마치 달려들기라도 할 듯 쏘아보았다.

"그러니까 지금까지 한 1000년 동안은 이런 형태로 자란 식물이 없었다는 말씀이시죠!"

에프너 박사는 고개를 끄덕이며 말을 이었다.

"얼마나 되었는지는 우리도 알 수 없습니다. 그러나 이런 식물이 과거 어느 한때에 틀림없이 존재했다는 단서를 우리는 갖고 있습니다."

카메라는 아득한 선사시대의 고사리 잎 화석 사진으로 옮겨갔다. 에프너 박사는 잠시 멈추었다가 이렇게 말했다.

"이 골고사리 잎을 사진 속 이파리 화석과 비교해보면 확실히 일치한다는 것을 알 수 있습니다."

정말 그랬다. 두 식물은 놀랄 정도로 똑같았다.

펠릭스는 치바 그룹의 이 과학자들이 밀과 옥수수에 대해서도 똑같은 실험을 했으며, 역시 비슷한 성공을 거두었다고 시청자에게 설명했다. 그 사이 에프너 박사는 바구니에서 커다란 옥수수 하나를 집어 들었다. 고사리와 마찬가지로 전기장에서 처리 과정을 거친 것이었다.

그는 태연한 말투로 설명하기 시작했다.

"이것은 옥수수입니다. 보시다시피 이 옥수수도 특이한 데가 있습니다. 한 줄기에서 다섯 개까지 자라난다는 것이지요. 옥수수 줄기 하나에 한 개만 달리는 게 보통인데 말입니다."

구이토 에프니 빅사와 그의 를고사리. 이 별난 식물은 신기상 처리를 한 고사리의 포자에서 사라났다. 이 식물은 기존의 어떤 식물군에도 포함되지 않는 종이다.

쿠르트 펠릭스가 보통의 고사리와 전기장 처리를 거친 고사리를 비교하고 있다.

이 옥수수는 이미 멸종해서 유럽의 드넓은 평야에서는 더 이상 찾아볼 수 없는 '원(原)옥수수'로 밝혀졌다.

"전기장에서 어떻게 원옥수수가 생겼을까요? 그리고 이 실험의 의미는 구체적으로 무엇인가요?"

펠릭스가 캐물었다.

"식물들은 진화 과정에서 재배나 퇴화를 통해 일부 유전적 특질들을 상실하게 됩니다. 그런데 전기장을 이용하면 그 특질을 되살려내 활성화시킬 수 있습니다. 다시 말해 진화 과정을 거꾸로 거슬러가는 것입니다."

후손에게서 선조를 재생산할 수 있다는 이야기였다. 잠시 후 이 도깨비 같은 식물 이야기는 끝났다. 프로그램은 평소의 분위기로 돌아갔고, 가수와 곡예사들이 다시 무대를 점령했다. 청중들 중 누구도, 자신이 방금 경천동지할 대발견의 목격자가 되었음을 알아채지 못하는 듯했다.

치바 그룹의 알렉스 크라우어 회장은 몸소 나서서 자기 회사 직원이 텔레비전에 출연한 것을 축하했다. 또한 주간지 〈존탁스블릭〉은 이 사건에 주목하여 다음과 같은 기사를 실었다.

::

이날 밤의 스타는 그 물리화학자였다. 그의 발견이 전문지에 발표된 것이 아니라 예외적으로 텔레비전 생방송을 통해 소개되었다는 것은 거의 혁명적인 일이다.

::

방송이 나가고 나흘 뒤 일간지 〈바젤 신문〉도 '잃어버린 유전자를 찾아서'라는 제목의 기사를 내보냈다. 구이도 에프너 박사가 치바 그룹에서 담당한 연구는, 박테리아와 식용 재배 식물 속의 '잠자는' 유전인자를 활성화시키는 일이라면서 신문은 다음과 같이 보도했다.

::

그 '자명종'으로서 전기장이 쓰인 것이다. 잠자는 유전인자란 유기체로 하여금 특정 자질이나 기능을 갖도록 하는 유전자 가운데 진화 과정에서 더는 사용되지 않아 '스위치가 꺼졌다'라고 여겨지는 유전자를 말한다. 현대 이론에서는 이 유전자가 쓸데없는 짐이 되어 후세대로 계속 유전된 것으로 본다.

구이도 에프너 박사는 그런 유전자의 스위치를 다시 켜는 일을 시도하고 있는 것이다. 옥수수 알갱이를 강력한 전기장 속에서 싹트게 하는 것도 그 일환이다. 이 기술이 성공적인 것으로 판명된다면, 그간 과도하게 재배되었거나 퇴화된 식물 종들에게 유전적으로 다시 생기를 불어넣을 수 있을지도 모른다. 상황에 따라서는 멸종한 식물 종을 되살릴 수도 있을 것이다.

::

0   1

역 진 화

"자연은 인간이 자연을 이해하는지 그렇게 않은지에 대해 관심이 없다.
그저 제 할 일을 할 뿐이다."
:: 구이도 에프너

전기장에
유전자 유령이
나타나다

낡은 양탄자의 비밀

　　　　　　　　1997년 4월의 마지막 날이었다. 바젤에 위치한 치바 그룹의 특수 화학공장 건물관리인 브루노 크라이스는 그날 이상한 물건을 발견했다. 먼지와 털, 타르가 뒤섞인 거무튀튀한 묵은 때로 찌든 양탄자였다.

　그는 건물 내에서 회의실을 순찰하다가 대수롭지 않아 보이는 이 물건을 발견했다. 양탄자는 접이식 칠판 뒤에 대충 걸려 있었으며 군데군데 썩은 상태였다.

　"다른 사람 같았으면 그 지저분한 천 조각을 당장 쓰레기통에 처넣어버렸겠죠."

　하지만 크라이스는 양탄자의 흰 바탕색을 보고 잠시 고민에 빠졌다. 양탄자 애호가인 그의 상식에 따르면 흰색 바탕의 오리엔트 양탄자는 아주 희귀한 물건이었기 때문이다. 그는 양탄자의 가치를 알아보려고 전문가에게 감정을 의뢰했다.

"양탄자를 봉투에 쑤셔 넣고는 '오리엔트 양탄자 동호회' 사무실로 가지고 갔습니다."

동호회 회원들은 그가 펼쳐 보인 양탄자을 보고 적잖이 놀랐다. 첫눈에 보기에는 침대 옆에 까는 평범한, 낡은 양탄자 같았는데, 자세히 관찰해보니 오스만 족이 사용하는 진귀한 기도용 양탄자였던 것이다. 추정가만 해도 대략 2억 6000만 원에 달했다. 동호회 회장은 당시를 이렇게 회상했다.

"제가 크라이스 씨에게 가장 먼저 한 질문은, 어느 집에 들어가 훔친 게 아니냐는 것이었죠. 그런 귀중품을 쉽게 손에 넣을 수는 없는 일이니까요."

그는 학계의 전문가만이 이 양탄자에 대해 확실한 답을 줄 수 있을 것이라 생각했다. 취리히공과대학이 그 일을 맡아 해냈다. 탄소 동위원소를 이용한 연대 측정법으로 이 양탄자가 "1455년에서 1647년 사이에 만들어진 제품일 확률이 95퍼센트"임이 밝혀진 것이다. 분명한 것은 독일의 화학업체 베링거 사가 1950년대에 이 양탄자를 당시 스위스 바젤에 있던 J. R. 가이기 주식회사에 선물했다는 사실이다. 후에 합병을 거치면서 이 귀한 물건은 1997년 초에 결국 노바르티스 사의 소유로 넘어가게 되었다. 양탄자의 가치를 재발견한 후 회사는 이 물건을 바덴 역 인근의 로젠탈 공장에 계속 전시하고 있다. 물론 지금은 전문가가 제작한 두꺼운 강화 유리로 확실한 보안 조치를 하고 있다.

최면술이 어느 과학자에게 미친 영향

"그런 믿기 힘든 이야기가 있었군요."

내가 1997년에 있었던 양탄자 이야기를 들려주자 하인츠 쉬르히는 중얼거리듯 내뱉었다.

"이 거대한 그룹이 저를 또 놀라게 할 일은 없을 거라 생각했거든요. 사실 회사 내에 녹슬고 있는 게 몇 개 더 있어요. 아마 값도 꽤 나갈 걸요."

우리는 노바르티스 그룹 직원 식당에 앉아 커피를 마시고 있었다. 바젤의 두 거대 제약업체 치바가이기 사와 산도츠 사가 합병하여 다국적 화학회사 노바르티스로 다시 태어난다고 발표한 지 1년이 지난 때였다. 그리고 하인츠 연구원과 처음으로 인터뷰한 지 4년이 지난 무렵이었다. 4년 전의 인터뷰는 치바 사 내 그의 실험실에서 이루어졌다. 그를 만난 후 나는 "창의적이며 두뇌가 명석함. 유머 감각은 둔한 편. 학문적 도그마를 대수롭지 않게 여기는 사람"이라고 메모를 해두었다.

이후로도 우리는 종종 만나 자연계의 의사소통 현상에 대해 대화를 나누었다. 하인츠가 무엇보다 마음을 빼앗긴 것이 바로 이 주제였다. 그는 남다른 애정을 가지고서 이렇게 열변을 토했다.

"인간이 진화 과정에 처음 등장했을 때, 우선 자신을 둘러싼 여러 현상들과 잘 지내는 법을 배워야 했을 겁니다. 실제로 아이들을 보면, 태어난 후 일곱 살까지 결정적인 각인이 이루어지죠. 이 시기에 우리는 무엇을 볼 수 있고 없는지를 배우게 되는데, 눈에서부터 우리의 뇌에 다다르는 것은 결국 그림이 아니라 전기 자극입니다. 뇌가 이 정보를 변형시키고, 그럼으로써 눈으로 '보는' 모든 것이 비로소 필터를 통과하여 의미를 형성하는 거죠."

뇌에 관한 연구 결과에 따르면 우리는 이미 알고 있는 것만을 볼 수 있다고 그는 말했다.

"새로운 것을 이해하려면 우리는 먼저 그 현상을 집중적으로 다루어야만 합니다. 그래야 뇌 속에서 그것에 관한 새로운 연결 회로가 만들어지거든요."

하인츠는 얼마 전 어느 텔레비전 쇼 프로그램을 보면서 자신의 연구에 핵심이 될 중요한 체험을 하게 되었다고 했다. 이 프로그램에서는 공개적인 집단 최면을 시도했다. 참가자들 중 다섯 명은 사과를, 또 다른 다섯 명은 양파를 손에 들고 최면 상태에 빠졌는데, 이때 각 사람들은 최면술사에게서 사과를 양파로, 또 양파를 사과로 생각하도록 암시를 받았다.

최면에 걸린 사람들에게 손에 든 것을 먹으라고 요구하자 별난 일이 일어났다. 사과를 먹으면서 양파를 먹고 있다고 믿은 사람들은 눈물과 콧물을 흘리는 등 양파를 먹었을 때 전형적으로 일어나는 반응을 보였다. 하지만 양파를 먹으면서 맛있는 사과를 먹고 있다고 믿은 사람들은 그런 증상을 나타내지 않았다.

하인츠는 이렇게 덧붙였다.

"화학 작용이 인간의 몸에 영향을 미치려면, 그 작용을 수용하는 시스템 또한 가동되어야만 한다고 해석할 수 있었습니다. 이렇게 생각하면 지금까지 전혀 설명하지 못했던 많은 현상들을 이해할 수가 있죠. 최면이나 플라시보 효과, 광천수의 뚜렷한 치료 효과 같은 것 말입니다."

현 실 은 얼 마 나 현 실 적 인 가 ?

구이도 에프너 박사는 치바 그룹 내에서 하인츠 쉬르히의 학문적 후견인과도 같았다. 그는 호기심과 창의성이 뛰어나며, 지식을 잘 엮어내 거기에서 남다른 결론을 도출하는 재주가 두드러진 사람이다. 첫 만남에서 그는 나에게 "화학은 물리학의 틀 안에서만 가능합니다. 또 생물학은 다시 화학의 틀 안에서만 가능한 학문이지요."라고 말문을 열었다. "그러므로 여기에서 어떤 연관 관계를 찾아야 합니다."

하인츠와 마찬가지로 에프너 박사도 복잡한 현상을 쉽게 설명하여 문외한도 이해할 수 있도록 하는 재주를 타고 났다. 동시에 그는 과학의 길에서 벗어나지 않도록 늘 주의를 기울였다. 그에게 언어란 단순한 의사소통 수단 이상이었다. "일단 관찰한 것을 언어로 옮겨야만 하나의 사건을 파악하고 접근하고 이해하고 또 분석할 수 있습니다. 하지만 하나의 현상이나 과정을 언어적으로 기호화하는 일은 동시에 신비화하는 작업이기도 합니다."

그렇다면 우리가 스스로 만들어 간직하는 세계상이란, 우리 주변 세계의 현실에 부합한다기보다는 각자의 정신세계를 모사한 것에 더 가깝다고 볼 수 있다.

"우리가 자연계에서 관찰하는 여러 사건이나 법칙이 실제로 자연계에서 일어나는 것인지, 아니면 우리의 상상을 담아내는 것인지는 결코 알 수 없을 것입니다."

예를 들어 밀물과 썰물이 발생하는 것은 달과 태양의 인력 및 지구의 원심력이 원인일 수도 있고, '므심바 므심바'(스위스 사람들이 아프리카의 자연신을 일컫기 위해 지어낸, 우스꽝스런 느낌을 주는 말―옮긴이) 덕분일 수도 있다. 귀도 에프너는 두 가지 방식 모두 자연을 신비화한 결과라고 보았다. '므심바 므심바'든 인력이든, 언어로 포착하기는 했지만 그 실체가 무엇인지는 결국 알 수 없다는 것이다. 중력을 '질량이 갖는 인력'이라고 풀어서 표현한다 해도 마찬가지다.

하지만 우리 대부분은 두 가지 표현을 완전히 다른 것이라 여긴다. '인력'은 과학을 기반으로 하는 말이고 '므심바 므심바'는 미신이나 신비 현상에서 빌려온 말이라는 것이다. 귀도 에프너가 신비 현상에 배타적인 태도를 갖는 것은 아니지만, 과학자로서 어떤 고찰 방식을 취해야 할지에 대해서는 확고했다. 인력이라는 용어는 최소한 다양한 실험 설계를 통해 입증하거나 반박하는 것이 가능하다.

"므심바 므심바는 그렇게 할 수가 없습니다. 기껏해야 주문처럼 외우는 수밖에 없겠죠."

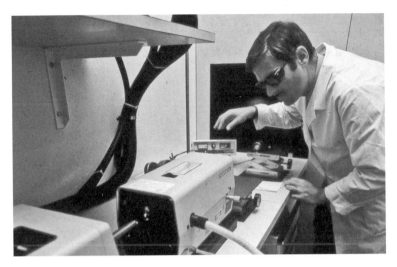

치바 그룹 연구소에서 실험 중인 하인츠 쉬르히. 1980년대 중반, 구이도 에프너의 제안을 받고 치바 그룹으로 온 후 전기장을 이용한 실험을 진행했다.

1990년대 말 에프너 박사의 모습. 그는 뛰어난 프로젝트를 이끌었을 뿐 아니라, 과학 지식을 모든 사람들이 쉽게 이해할 수 있도록 전달하는 일에도 평생을 바쳤다.

에프너 박사의 기이한 실험

구이도 에프너는 1962
년 물리화학자로서 치바 그룹에 처음 발을 들여놓았다. 처음에는 염
료화학부서에서 실험 설계 업무를 맡았다가 1964년에는 스위스 로잔
엑스포 참가 업무를 담당했다. 나중에 홍보부서로 옮긴 후에는 승진
하여 차장까지 올랐다가 1970년대 말에 다시 중앙연구소로 돌아왔다.
이곳에서 특히 산학협력 업무를 맡아 진행했다.

한편, 에프너는 치바 그룹 연구소의 파울 뤼너 소장을 도와 오른팔
역할을 했으며, 소장의 이름으로 약 50건의 특허를 획득하는 데 기여
했다. 또한 당시 제약업계에서 사장되어 있던 분야 가운데 가능성이
크고 미래를 선도할 20여 개의 연구 분야를 선별해내기도 했다. 소장
은 크게 기뻐했고 그 즉시 에프너에게 독립된 연구실을 제공하고 부
하 연구원들을 배정해주었다.

에프너는 이 연구실에서 향후 화제를 일으킨 수많은 조사와 연구
를 수행했다. 식물 간의 의사소통에 관한 연구나, 손목시계처럼 차고
다닐 수 있는 체외 심박동기 개발도 이곳에서 이루어졌다.

일련의 실험에서 구이도 에프너는 생물의 조직을 떼어내 전기장 안
에 넣은 다음 전기 자극에 노출시켰다. 그러자 본인도 과학적으로 설
명하기 힘든 기이한 반응들이 일어났다. 예를 들어 물냉이를 전기장
속에 놓으면, 빛을 차단하여 큰 스트레스를 주어도 멋지게 성장했다.

이 부분에 대해 연구를 계속할 필요가 분명히 있었다. 그러나 실험
실의 연구원들은 대학으로 옮겨가는 것을 선호했다. 에프너는 유능

한 연구원이 한 사람 필요하다고 생각한 끝에 하인츠 쉬르히를 떠올렸다. 그와는 바젤 민방위 훈련소에서 함께 강사로 활동하면서 서로 잘 알고 지내던 사이였다. 강의 후 쉬는 시간이면 두 사람은 과학계의 새로운 연구에 대해 종종 열띤 토론을 나누곤 했다.

쉬르히는 바젤에 위치한 화학업체 호프만라로슈 사의 한스 퇴넨 교수 밑에서 실험팀장으로 근무한 바 있었고, 1971년에는 새로 설립된 바젤바이오센터 독성학 연구실로 교수와 함께 자리를 옮긴 상태였다. 그곳에서 경영지원팀에 소속되어 중앙동물관리소 소장으로서 동물과 관련된 사안을 책임지고 있었다.

에프너의 매력적인 제안에 쉬르히는 주저 없이 결단을 내렸다. 그는 1980년대 중반 바젤바이오센터에서 나왔고 치바 그룹의 학술연구원으로서 박사를 돕기 시작했다.

체외 심박동기에 관한 아이디어는 에프너의 상사에 의해 폐기되었지만 살아 있는 생물에게 전기장 자극을 가하는 실험은 계속되었다. 1985년부터는 치바 그룹의 공동 실험이 사람들의 주목을 받게 되었고 결국 쿠르트 펠릭스까지 이 문제를 방송 주제로 삼게 된 것이다. 박테리아, 밀, 옥수수, 양치류 그리고 송어까지도 실험의 대상이 되었다. 당시로서는 아무도 명확한 설명을 할 수 없는 실험이었다.

하지만 에프너는 1990년, 전기장을 이용한 실험들이 미처 완결되기도 전에 갑자기 치바 그룹을 떠나야 했다. 심각한 건강상의 이유 때문이었다. 그리고 1990년대 말 하인츠 쉬르히와 나는 큰 논란을 일으킨 이 발견을 주제로 책을 쓰기로 합의하였다. 그의 도움을 받아 이 연구에 대한 최종적인 기록을 남기기 위해서였다.

그러나 안타깝게도 일은 더 이상 신행되지 못했다. 하인츠 쉬르히가 2001년 7월 27일 그만 세상을 떠나고 만 것이다. 은퇴를 눈앞에 둔 시점이었다.

그로부터 약 넉 달 후인 2001년 9월 19일에는 구이도 에프너 박사마저 세상을 떠났다.

정전기장 안에서 무슨 일이 벌어지는가?

'쉬고 있는 전기', 즉 정전기에 대해서는 모르는 사람이 없을 것이다. 모직 스웨터를 손으로 비비거나 카펫 위를 걸을 때 정전기를 쉽게 확인할 수 있으며, 팔뚝 안쪽을 머리에 댈 때 머리카락이 쭈뼛 일어나거나 자동차 문을 열 때 가벼운 전기 충격이 일어나는 것도 모두 정전기 현상이다.

정전기 현상은 전하(電荷) 간에 상호 작용하는 힘에 근거한다. 물체가 전기를 띠도록 하면 전압이 발생하여 방전이 일어날 수 있으며 강력한 불꽃이 튈 수도 있다. 그런 현상 중 하나인 번개는, 대기 중에 전압이 존재하는 경우에 해당한다. 지구 자체도 정전기장에 둘러싸여 있는 것이다.

이론적으로 정전기장은 건강에 무해하다고 알려져 있다. 하지만 그 작용이 생물의 진화에 미치는 영향은 아직 베일에 가려진 상태다. '전기 스모그'라고도 하는 전자파는 보다 큰 개념으로 유해성 논란이 계속되고 있다. 이는 전류가 전선이나 고압선을 통과하여 흐를 때, 즉 전기 입자가 움직일 때 발생하는 전기장을 말하며, 무선 송수신 안테나에서 발생하는 전자파도 여기에 해당된다.

하지만 구이도 에프너와 하인츠 쉬르히가 연구 주제로 삼은 것은 정전기장, 그러니까 전압이 존재하되 전류는 흐르지 않는 장이었다. 이들의 실험 설계는 단순해서 물리를 배우는 학생이라면 누구나 따라할 수 있다. 축전기 판 사이에 정전기장을 만드는데, 전기장의 세기는 축전기 판 사이의 전압 차를 판 사이의 거리로 나누어 측정한다. 이때 필요한 전압 차는 고전압 발생장치로 생성한다.

여기에 몇 가지 특수한 장치를 더한 다음 이 전기장 안에 임의로 포자, 씨 또는 배아를 놓아 둔다. 어느 정도 시간이 흐른 후 이것들을 다시 꺼내 본디의 자연스런 생장 환경으로 옮기면, 거기서 생물들은 무성하게 자라난다.

실험의 구성은 이렇게 단순하지만 그 효과는 대단히 놀랍다. 치바 그룹의 두 과학자는 여러 실험에서 이 방법을 통해, 식물 및 유기체의 '원형'이라 할 만한 것을 획득했다. 마치 진화 과정에서 정지했던 특정 유전 정보가 그 다음 세대에서 갑자기 활성화된 것 같은 현상이었다. 뿐만 아니라 발아 및 생장 속도도 전기장 처리를 거친 후 더 촉진되었다.

이와 비슷한 실험은 그전에도 이후에도 없었다. 아마도 여전히 힘을 발휘하는 다음의 학설 때문일 것이다. 즉, 전하 운반체로 채워진 매질 안에서는 전기의 이중층(二重層)이 형성되어 전기장이 차단되며,

따라서 아무런 작용도 일어나지 못한다는 것이다.

스 트 레 스 받 는 박 테 리 아

에프너와 쉬르히가 처음에 몰두한 연구 대상은 이집트 홍해에 분포하는 호염성 박테리아였다. 이 연구에서 두 사람은 놀라운 사실을 발견했다. 이 미생물을 영양분이 풍부한 조리용 소금 용액에 넣고 끓이자 일단은 생물학자들이 일반적으로 기대하는 반응을 보이는 듯했다. 증식을 시작한 것이다. 그러나 이 투명 용액을 8일 내지 14일 동안 전기장 안에 두자 놀랍게도 피처럼 붉은빛으로 변색되었다. 호염성 박테리아가 자신의 '에너지 시스템'을 가동했기 때문이었다. 광합성에 필요한 태양 에너지를 채워 넣기 위해 정전기 장 속에서 갑자기 로돕신 (빛을 감지하는 색소 단백질의 일종. 척추동물의 망막에 분포하며, 빛을 감지하면 분해되므로 빛을 계속 감지하기 위해서는 이 로돕신이 지속적으로 재합성되어야 함—옮긴이)이라는 색소를 마구 생산한 것이다.

이는 전형적인 스트레스 반응으로, 일반적으로 까다로운 화학 실험 절차를 거쳐야만 얻을 수 있는 현상이다. 강력한 조도의 조명이 필요하며, 산소를 대량 공급한 후 차단하여 박테리아 개체가 손상되는 것을 방지해야 한다.

그러나 이 실험에서는 조명의 밝기를 최소화했으며 인위적 공기 유입도 없었다. 거의 평상적인 조건이었던 것이다. 그렇다면 호염성 박테리아가 전기장 속에서 스트레스를 받았다는 것일까? 아니면 박테리아 내에 '잠자고 있던' 광합성 조절 유전자가 깨어난 것일까? 이것은 과거 한때 스트레스 상황에서 유기체에 더 많은 에너지를 공급하고 그 상황을 더 잘 이겨내도록 하던 일종의 '위기 대처용 유전자'가 아닐까?

생물이 전기장의 영향을 받아 스트레스 상황을 정말 더 잘 이겨낼 수 있는가를 확인하기 위해 녹조류를 이용한 실험이 이어졌다. 조류를 전기장이 없는 배양 접시에서 배양한 지 1개월 후 뚜렷한 변화가 나타났으며, 다시 한 달이 지나자 갈색으로 변했다. 반면에 전기장 안의 조류는 같은 기간 동안 아무런 손상도 입지 않았다.

소 금 결 정 속 의 생 명 체

이후 두 연구원은 여러 번의 실험을 통해 로돕신을 생성하는 호염성 박테리아는 소금 결정 속에서 5년 이상 생존할 수 있다는 사실을 확인했다. 물론 전기장 안에 있을 때 가능한 일이었다. 이는 완전히 새로운 발견으로, 그때까지 어느 과학자도 그 가능성을 상상치 못한 일이었다.

박테리아는 소금 결정 속에서 증식하기까지 했다. 외부 세계와 완전히 차단된 채 영양 섭취도 끊긴 상태에서 말이다. 박테리아는 자신들이 모여 있는 공동(空洞)을 확장해나갔으며, 목표점을 정확히 겨냥해 굴을 파서 다른 공동과 연결시키기도 했다. 심지어 섭씨 영하 70도로 온도를 낮추어도 타격을 입지 않았다.

두 과학자가 1992년에 힘주어 발표했듯이, 이런 일은 본디 불가능한 것이었다. 과학자 신시아 에프 노턴이 1988년에 미생물학 학술지에 기고한 바에 따르면, 박테리아가 소금 결정 안에 갇힌 후 일정 기간의 활동기를 보이는 것은 가능한 일이었다. 그러나 자연적인 상태에서는 그 활동기가 서너 달에 불과했으며, 정상 온도에서만 생존할 수가 있었다. 서너 달 후 소금 속 박테리아는 결정화되어 움직이지 않았다.

또 한 가지 특이한 점은, 살아 있는 세포의 염분 허용치와 관련된 것이었다. 세포를 정전기장 안에서 고농도 염분에 단계적으로 적응시키면 이 수치를 크게 높은 수준으로 끌어올릴 수 있었다.

이에 대해 구이도 에프너는 이렇게 설명했다.

"우리의 실험 방식을 적용함으로써 도처에 분포하는, 그러니까 어디든 나타나는 박테리아를 좀 더 높은 염분 농도에 적응시킬 수 있었습니다. 첫 단계에서 박테리아는 염분 농도 14퍼센트에 별 어려움 없이 적응했으며, 두 번째 단계에서는 염분 농도를 28퍼센트까지 높일 수 있었습니다."

식염수 용액은 농도가 35.6퍼센트에 이르면 포화 상태로 간주된다. 전기장 처리를 하지 않은 통제군 배양체들의 경우 같은 기간의 실험에서 겨우 3.5퍼센트까지만 적응할 수 있었다.

"이것은 기술적으로 대단히 큰 관심을 끌 만한 발견입니다. 예를 들면 폐수 처리 시설의 염분 농도는 생물학적 처리 단계에서 급격히 상승한다고 오래전부터 알려져 있습니다. 이것은 아직까지도 해결하

호염성 박테리아가 소금 결정 속의 공동에 갇힌 것을 500배 확대한 모습. 다른 공동으로 연결된 통로가 뚜렷이 보인다.

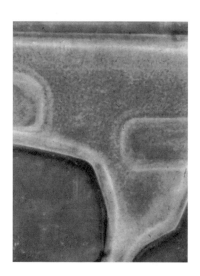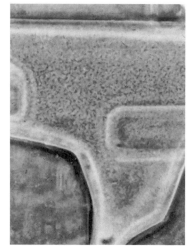

소금 속에 갇힌 호염성 박테리아가 아래쪽의 또 다른 방으로 길을 낸 것이 보인다.

지 못한 문제인데, 이제 이 방법을 써서 간단하고도 효율적으로 해결할 수 있을 것입니다."

수 백 만 살 먹 은 생 존 의 달 인

이어서 두 과학자는 이 호염성 박테리아가 이미 태고 때부터 아주 오랜 시간 동안, 아마도 수백만 년 동안이나 침전된 소금 속에 갇힌 채 생존한 것은 아닐까 하는 의문을 제기했다. 하지만 많은 동료들은 이 이야기에 그저 어이없다는 듯 웃기만 할 뿐이었다. 그들은 단호한 태도로, 그런 일은 한마디로 불가능하다고 못 박았다.

그러나 두 사람은 사실을 좀 더 분명하게 확인하고 싶었다. 그래서 스위스 제염회사인 라인살리넨 측에 요청하여, 아르가우 주 리부르크의 2억 년 된 소금 층에서 캐낸 소금 조각을 확보했다. 길이 50센티미터가량의 이 소금 침전층은, 지질학적으로 중생대 트라이아스기 중기에 형성된 것으로 추정된다. 패각석회암 층의 지하 145미터 지점에서 채취한 것으로 고생대 후기 이후 만들어진 테티스 해의 해양 침전물이었으며, 1억 9500만 년에서 2억 500만 년 정도 된 것으로 추정된다.

여기에서 약 1센티미터 크기의 소금 결정 두 개를 채취했다. 쉬르히는 연구실에서 현미경을 통해 이 시료를 살펴보면서 "세상에, 미치겠네." 하고 중얼거렸다. 그 속에 정말로 살아 있는 유기체가 존재했던 것이다.

처음에는 태고 시대의 사상균(실처럼 가늘고 긴 모양의 균사—옮긴이)을 맞닥뜨린 것이 아닌가 하고 두 사람은 생각했다. 하지만 이 박테리아를 '전통적인' 방식으로 활성화하려는 시도는 모두 실패로 돌아가고 말았다. 그래서 이번에는 박테리아를 염도 28도의 살균된 합성 해수에 넣어 실온에서 배양했다. 그리고 여기에 정전기장을 설치했다. 이 작전은 효과가 있었다. 그 조그만 것이 그날 즉시 활발한 움직임을 보인 것이다. 2주가 지나자 자유롭게 헤엄치는 수많은 포자가 현미경으로 확인되었다. 그리고 다시 3주가 지날 무렵에는 배양 접시 전체가 균사체로 뒤덮여버렸다. 겉보기에는 곰팡이류와 흡사했다.

하나의 생명체가 2억 년이라는 어마어마한 세월 동안 외부와 완전히 차단된 채 지하 145미터에서 살아남았다는 사실에 그들은 놀랐다. 주의를 기울이긴 했지만, 혹시라도 외부 감염이 일어나 실험에 영향을 미친 것이 아닐까 하는 생각이 들 정도였다.

에프너와 쉬르히는 스위스의 저명한 미생물학자 에밀 뮐러 교수를 초빙하여 추가 실험을 함으로써 이런 의혹을 잠재울 수 있었다. 이미 2억 년 전부터 존재했던 종을 새롭게 발견했다는 것은 정말 놀라운 사건이었다. 스코풀라리옵스 속(屬)의 이 곰팡이는 배양 접시에서 염도를 25퍼센트까지 견뎌내는 탁월한 생존력을 지니고 있었다. 이것은 스코풀라리옵스 바이니어 속(屬)의 이미 알려진 다른 종들과는 뚜렷한 차이점이었다. 또 한 가지 특이한 점은 이 곰팡이가 염도 3퍼센트 이하에서는 전혀 성장하지 않았다는 것이다.

"그렇게 철저히 호염성인, 그러니까 소금 매질 속에서만 살아갈 수 있는 곰팡이는 그때까지 알려진 바가 없었습니다. 그래서 우리는 새로운 종을 발견한 것이라 확신했고, 호염성 스코풀라리옵스라는 이름을 붙였죠."

이 박테리아의 놀라운 점은 이것으로 끝이 아니었다.

"시간이 지나자 미생물이 들어 있는 한천 매질에서 재미있는 현상이 나타났습니다. 소금이 결정화되어 나타난 것입니다. 그런데 자세히 살펴보니 그 결정은 식염에서는 나타나지 않는 다양한 형태를 띠고 있었습니다. 현미경을 통해 결정 속에 호염성 스코풀라리옵스의 균사가 포자병(胞子柄: '포자 자루'라고도 하며, 양치류의 씨앗인 포자가 달려 있음–옮긴이) 및 개별 포자와 함께 존재하는 것이 보였습니다. 완전히 소금에 둘러싸인 상태였죠. 결정 하나하나의 끝에는 포자 사슬이 또 하나씩 솟아 있었습니다."

곰팡이는 자기를 둘러싼 소금 층 덕분에 중력을 거슬러 성장할 수 있는 힘을 얻었으며, 이로 인해 기괴한 모양의 결정이 형성된 것이었다. 달리 표현하면, 곰팡이 자체가 소금 운반체가 된 것이다. 곰팡이는 균사를 만들었고 그 위에 소금이 달라붙었으며 물속에서 결정화가 일어나 일종의 '지지 골조'를 스스로 구축했다. 곰팡이는 물을 견딜 수 없기 때문이었다.

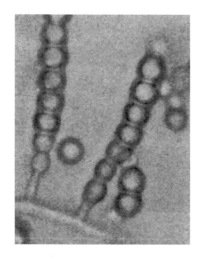 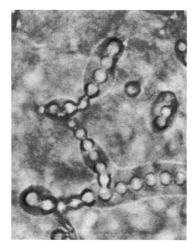

현미경으로 본 2억 년 된 효염선 스코푼라리옵스. ◀왼쪽 태고 시대 곰팡이의 균사로 측면에 포자병과 개별 포자가 보인다. ▶오른쪽 한 달 정도 멸균 상태의 실험실에서 자란 뒤의 균사체 모습. 포자병과 함께 기다란 모양의 포자 사슬이 나타났다.

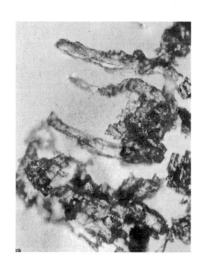 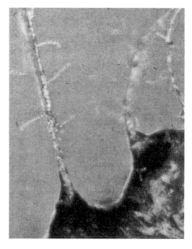

◀왼쪽 식염에는 잘 나타나지 않는 일그러진 결정 형태. 물이 증발된 뒤 이런 형태가 나타났다. ▶오른쪽 이 태고 시대 곰팡이는 소금 운반체가 되어 지지 골조를 구축했다.

태 고 의 고 사 리 를 키 우 다

에프너와 쉬르히는 호기심이 발동하여 점점 더 많은 식물들을 발아기 동안 전기장에 노출시켜보았다. 어떤 신비한 현상의 뒤를 캐 들어가고 있다는 느낌은 점점 더 커져갔다. 나중에 〈슈퍼트레퍼〉에 등장하게 된 양치류가 대표적인 예였다. '관중'이라 불리는 이 털북숭이 식물이 생식을 할 수 있는 단계에 이르렀을 때 전기장에 넣으면 생물학자들의 예상과는 전혀 다른 방향으로 성장했다. 골고사리로 자란 것이다! 보통 관중의 이파리는 여러 갈래로 나뉜 모양인데, 놀랍게도 이것은 갈라지지 않은 골고사리 잎 모양으로 되돌아갔다.

하인츠 쉬르히는 언론과의 인터뷰에서 이렇게 말했다.

"전기장 처리를 함으로써 태고 시대의 원고사리를 얻은 것 같았습니다. 이후 4년 동안 이 관중의 이파리 모양은 매년 달라졌습니다. 성장 과정에서 마치 모든 진화 과정을 다 겪는 듯했습니다. 이 다양한 관중들의 조상이 하나라는 것을 끊임없이 보여주는 것과도 같았죠."

그들은 이 식물에서 새로 생겨난 포자도 모두 조사했다.

"포자들은 모두 같았습니다. 그런데 그 포자에서 완전히 다른 고사리가 생겨났습니다. 관중도 나왔고 가래고사리도 나왔습니다. 남아프리카 가는쇠고사리가 나타나는가 하면 보통의 골고사리도 생겼습니다. 또 골고사리의 일종이기는 하나 정확히 분류하기는 어려운 그런 것도 있었습니다. 우리의 원고사리가 사실상 모든 고사리 종류로

▲**위** 털이 보송보송한 일반적인 관중. ▼**아래** 관중의 포자를 전기장 처리하자 뜻밖에도 소속을
규정할 수 없는 골고사리가 생겨났다. 이 양치식물은 연구팀에 수수께끼를 던져주었다.

발현될 수 있는 것이 분명합니다."

가장 놀라운 사실은 염색체를 조사했을 때 드러났다. 관중은 36개의 염색체를 가진 반면 골고사리는 41개를 갖고 있었다.

"모든 학술 문헌을 다 뒤졌지만 하나의 종을 특징 짓는 염색체 수가 갑자기 변하는 사례는 찾아볼 수 없었습니다."

그들이 원고사리를 손에 넣었다고 확신한 이유는 간단했다. 연구진이 취리히의 식물연구소에 문의한 결과, 이 식물의 포자 형태는 골고사리의 특징을 분명히 갖추고 있었음에도 현재까지 전 세계적으로 알려진 어떤 골고사리에도 속하지 않는다는 사실이 다시 한 번 증명되었던 것이다.

이들의 근원이 무엇이지 알려준 결정적 단서가 된 것은 전문 서적에 실린 석탄 퇴적층의 사진이었다. 거기에는 태고 시대에 이미 멸종한 골고사리 이파리의 화석이 포함돼 있었다. 화석의 잎과 연구진이 만들어낸 식물의 잎은 놀랄 만큼 모양이 일치했다.

에프너와 쉬르히는 마치 감전된 것 같은 느낌이었다. 두 사람은 수 주 동안이나 고사리 실험에 대한 논의를 계속했다. 식물들의 발달 과정에서의 상호 의존적 관계를 완전히 새롭게 정의할 수 있는 가능성이 열리고 있었다.

이미 오래전에 멸종한 골고사리 잎이 태고 적에 화석화되어 남은 모습. 이 화석의 잎은 치바 그룹 연구진이 전기장 처리를 하여 만들어낸, 그러나 소속은 규정할 수 없었던 양치류와 모양이 정확히 일치한다.

구이도 에프너 박사는 훗날 원고사리를 아이켄이라는 스위스의 작은 마을에 있는 자기 땅에다 심었는데, 여기서 이 식물은 무성하게 잘 자랐다. 이 사진은 1993년에 찍은 것이다.

원고사리의 첫 후손 세대(잡종 제1대로 F1이라 한다). 관중 유형으로 퇴화될 조짐이 벌써 나타나고 있다.

원고사리 F1 세대의 또 다른 사진. 이파리는 아직 골고사리의 형태를 지니고 있는데, 세대가 내려갈수록 이런 특질은 점점 더 감소하게 된다.

원고사리의 F2 세대. 관중과 골고사리의 특성이 혼합되어 나타나며, 관중으로의 퇴화 현상이 더 뚜렷해졌다.

원고사리의 F3, F4 세대. 외관은 이미 관중에 가깝다.

울트라 물냉이와 슈퍼 밀

　　　　　　　　　　　물냉이도 이 프로젝트의 연구 대상이었다. 연구진은 물냉이 씨앗 140개씩을 여과지에 담아 두 개의 배양 접시에 물과 함께 넣고 발아시켰다. 그리고 한쪽 접시는 750V/cm의 정전기장에 노출시킨 후, 축전기의 음극판으로 실험 상자를 덮었다.

씨앗의 발아는 빛에 큰 영향을 받기 때문에 빛을 일정 수준으로 조정한 암실에서 실험이 실시되었다. 암실 내부에는 실험 상자 표면에서 28센티미터 떨어진 곳에 100와트 전구로 조명을 밝혔다.

그 결과 전기장 내에서의 발아율은 83퍼센트에 달했으며, 다른 쪽 배양 접시에 담겨 있던 같은 수의 씨앗에서는 21퍼센트만 발아했다. 햇빛이 비치는 날, 이 씨앗들을 땅에 뿌렸더니 전기장 처리를 거친 씨앗이 더 빨리 성장했고, 형태 면에서도 차이를 보여 잎은 더 작고 자루는 더 길게 자라났다.

겨울밀도 비슷한 실험 결과를 보여주었다. 1986년 정전기장에 노출되었던 이 곡물은 본디 밀에서는 볼 수 없는 새로운 단백질을 생성했다. 게다가 대조군보다 훨씬 더 큰 뿌리를 만들었는데, 이로 인해 훨씬 더 빠른 속도로 성장할 수 있었다. 이 실험에서도 밀은 때때로 자신의 유전적 조상과 동일한 성향을 나타냈다. 예를 들면 작은 이삭의 배열이 새포아풀(들에서 자라는 벼목 화본과의 외떡잎식물—옮긴이)과 흡사했고 잎은 작고 좁았다. 하인츠는 이렇게 말했다.

"우리가 만든 밀의 경우 성장 속도가 매우 빨랐습니다. 보통은 완전히 성장하는 데 7개월이 걸리는 데 비해 4주 만에 키가 쑥 커버렸지요. 주목할 부분은, 줄기와 이삭은 좀 작았지만 대신에 풀 하나당 이삭 수는 더 많았다는 점입니다. 봄과 여름이 짧아 종래의 밀은 성장하지 못하던 지역에서도 이 밀은 재배할 수 있을 겁니다. 살충제와 제초제가 없어도 문제없습니다. 해충들은 일반적인 밀의 성장 주기에 적응되어서, 이 밀을 심고 4주에서 8주 후에 수확할 때쯤에는 아직 활발히 활동하지 못하는 상태일 테니까요."

연질의 캐나다 산 안자밀과 이탈리아산 경질 라이너리밀의 경우는 이상하게도 겨울밀에 비해 같은 강도의 전기장에서 별 유리한 변화가 나타나지 않았다. 치바 그룹의 공장이 위치한 스위스 슈타인 지역에서 야외 실험을 한 결과, 전기장에서 발아한 안자밀이 초기에는 보통의 밀보다 더 빨리 성장했지만 시간이 흐르자 그 차이는 사라지고 말았다.

한편 1991년 다니엘 칼버마텐이라는 학생은 치바 그룹의 탐색 교육 과정에 참가하여 전기장 실험으로 놀라운 결과를 얻었다. 학생은 자신의 실험 결과를 청소년연구경진대회에 제출했고 거기서 최우수상을 받았다. 이 학생은 전기장과 일반 조건하에서 여름밀 종자인 소노라의 발달을 연구했다. 101시간 동안 씨앗의 성장을 관찰하여 실험 노트에 기록했는데, 뿌리의 길이와 개수 그리고 자라난 초록색 싹의 크기를 측정했다.

언론에서도 놀라워하며 인정했듯이 750V/cm의 전기장에서 씨앗은 확실히 발아가 촉진되었다. 전기장의 세기를 4800V/cm로 높였을 때는 발아가 저하되었으나 이후의 성장에는 아무런 영향을 미치지 않았다. 그리고 1500V/cm에서는 씨앗이 물을 더 잘 흡수하여 성장도 더 빨라졌다.

〈바젤란트샤프트〉 신문은 다니엘의 실험을 이렇게 소개했다.

연구실에서 실험을 마친 후 4800V/cm의 전기장에 노출되었던 씨앗과 대조군의 씨앗을 넉 달 동안 계속 비교했는데, 전기장에 있던 씨앗에서 세 배나 많은 소출을 수확할 수 있었다. 이 실험이 농업에 실질적인 효과를 가져다줄지는 아직 단언할 수 없다. 전기장 안에서 실제로 무슨 일이 일어나는지는 아직 아무도 알 수 없으니 말이다.

::

열 두 배 풍 성 한 옥 수 수

하지만 전기상 안에서는 실제로 어떤 일들이 계속 일어났다. 연구진은 훗날 〈슈퍼트레퍼〉 쇼에서 대중에게 처음 공개되었던 옥수수 실험에 돌입했다. 옥수수 알 스무 개를 15밀리리터의 물이 든 배양 접시 안에 포개놓은 후 뚜껑을 덮고 8일 동안 전기장에 노출시켜 싹을 틔웠다. 싹이 빠른 속도로 성장하자 5리터짜리 화분에 멸균된 흙을 담아 심었으며 온실에서 정상적으로 계속 자라게 했다.

14주가 지나자 이들 옥수수 싹은 처리를 하지 않은 대조군과는 달리 뚜렷한 변이를 일으켰다. 에프너와 쉬르히는 이 과정에서 다음 사실을 확인했다.

:: 옥수수 한 그루 당 달리는 옥수수자루 수가 더 많다(일반 옥수수는 1~2개이고 이 옥수수는 3~6개임).

:: 잎이 더 넓고 대도 굵어 전체적으로 형태가 더 튼실하다.

:: 보통은 잎줄기에 옥수수자루가 달리는데, 이 옥수수의 경우 대의 위쪽 끝에 달린다.

:: 옥수수자루가 여러 개 형성된다.

즉, 이렇게 재배된 옥수수는 각각의 꽃에 여러 개의 열매가 달린 것이다. 이는 인간이 재배하지 않는 야생의 풀에서 주로 나타나는 현상이다.

이 옥수수에서는 최대 열두 개의 옥수수자루가 달리기도 했다. 쉬르히는 다음과 같이 설명했다.

"그 배열이 아주 흥미로웠습니다. 옥수수가 볏과라는 점을 생각하면 더욱 그렇지요. 이 식물은 과거에 본디 다섯 개 내지 일곱 개의 꽃이 달리는 원추화서였습니다. 이 형태가 다시 나타났다는 것은 아주 재미있는 일이지요. 페루에서는 지금도 이런 형태의 야생 밀과 옥수수가 존재하는데, 그것들과 멋진 비교를 할 수 있었습니다."

두 과학자는 이런 식으로 처리를 한 식물의 장점은 종자의 개량 가능성에 있다고 보았다. 구이도 에프너는 "발아율 및 성장 속도가 증가하면 빛이 충분하지 않은 상태에서도 발아할 수 있고, 따라서 광합성으로 생장할 수 있는 기간이 길지 않은 이른바 생물학적 주변부 지역에 조기 파종할 방법도 찾을 수 있다."라고 언급했다.

조상의 자질을 다시 드러내는 식물들은 식용 재배 식물과의 이종교배를 통해 유전적 퇴행에 따른 손실을 상쇄할 수 있을 것으로 보였다. 그리고 일반적으로 제한된 수의 열매를 맺는 식물이 훨씬 더 많은 열매를 맺게 되어, 옥수수의 경우 단위 면적당 수확량이 크게 늘어나리라 예상할 수 있었다.

전기장 처리를 거친 옥수수. 옥수숫대 하나에 옥수수자루가 여섯 개까지 달리는 일이 드물지 않게 일어났다. 자연 상태에서는 한 대에 많아야 세 자루 정도 달리는 것을 고려하면 아주 특이한 현상 이다.

옥수수자루가 여러 개 달린 옥수수를 측면에서 찍은 사진. 이 옥수수는 보통의 옥수수 종보다 훨씬 더 빨리 성장했다. 그 덕에 해충의 피해를 면할 수 있었다.

작은 상어로 자라난 송어

구이도 에프너와 하인츠 쉬르히가 결정적 단서를 얻은 역사적인 실험은 평범한 무지개송어(연어목 연어과의 민물고기─옮긴이)를 이용한 것이었다. 연구진은 먼저 암컷 송어에게서 알을 채취하여 수컷의 정액이 담긴 수조 여러 곳에 1000개씩 옮겨 담은 다음 즉시 특수 부화 장치에 넣었다. 이 장치의 바닥과 윗부분을 물과 공기가 통하지 않도록 막은 후 전극을 연결했다. 이 장치 안에서 전기장을 연결한 가운데 알은 수정과 부화의 과정을 거쳤다.

약 4주 후, 소위 발안란(發眼卵) 단계에 이른 후에는 전기장 자극을 가하지 않았다. 다시 4주가 지나 알이 부화하였고 세 무리의 송어들이 무사히 성장했다. 이때 두 무리에는 전기장 자극을 가했고 나머지 한 무리에는 가하지 않았다.

이후 스위스 졸로투른 주 헤르베츠빌에 있는 엄격히 차단된 양어용 수조 안에는 서로 다른 물고기들이 자라게 되었다. 전기장 처리를 거친 두 무리의 수조에서는 통제 집단의 수조와는 완전히 다른, 송어의 야생형이 헤엄치고 있었다. 적어도 유럽에서는 이미 150년 전에 멸종한 물고기의 형태였다!

전기장 처리를 한 송어는 다른 것에 비해 3분의 1 정도 더 컸으며 몸무게도 더 무겁고 힘도 더 셌다. 색상 또한 더 다채로웠다. 아가미는 아주 선명한 붉은색이었고 특히 이빨이 두드러졌다. 보통의 무지개송어와는 달리 수컷은 아래턱 앞쪽이 강력한 갈고리 모양으로 되어 있어서 야생 연어와도 흡사했다. 실험은 세 번 연속으로 반복되었으며 모두 성공적이었다.

치바 그룹은 1989년과 1990년에 걸쳐 구이도 에프너와 하인츠 쉬르히의 이름으로 이 어류 양식법에 대한 특허를 취득했다. 그 근거는 다음과 같다.

::

전기장 안에서 부화한 어린 물고기들은 모든 이론을 거슬러, 통제 집단에 비해 놀라울 정도로 높은 수정률과 부화율을 보였고 그 밖에도 여러 가지 유리한 특성들을 드러낸다. 이러한 특성은 전기장을 제거한 후에도 계속 유지되어 물고기의 성장에 지속적인 영향을 주는 것으로 나타났다.

::

특허 신청 서류는 당시 치바 그룹이 유일하게 공식적으로 공개한 문건으로, 새로운 연구 방향에 대해 전반적으로 언급하고 있다. 하인츠 쉬르히는 언론과 인터뷰에서 다음과 같이 입장을 밝혔다.

"이런 실험들이 쓸모없는 호기심에 매달리는 것은 결코 아닙니다. 우리 회사는 돈을 벌지 않으면 안 됩니다. 이 특허는 물고기 양식에 긍정적인 변화를 가져올 것입니다. 사실 이 방법을 식물뿐 아니라 동물에도 적용해보자는 의견이 있었습니다만 이사회로부터 동물의 배아 발달 과정에 개입하는 어떤 시도도 있어서는 안 된다는 엄중한 지침을 받았죠."

그는 이 지침이 옳다고 강조했다.

"저 역시 그런 실험에는 결코 찬성하지 않습니다. 그래서 우리는 무지개송어의 알을 수정 후 4주 동안 전기장에 노출시키자는 아이디어를 내게 되었습니다. 자, 보십시오, 그 결과 어떻게 되었는지."

쉬르히는 기자에게 원(原)송어의 사진을 자랑스레 보여주었고 기자들은 깜짝 놀랐다. 나 역시 에프너가 물고기 사진을 보여주었을 때 그 기자들과 같은 반응을 보였다. 당시 박사는 아이켄 지역의 개조한 농가에 머무르고 있었는데 그곳을 찾은 방문객은 박제된 '거대한 야수들'을 보고는 경탄을 금치 못했다.

전기장 물고기들은 실험용 수조에서 양식 송어와는 완전히 다른 행동 양상을 보였다. 양식 송어는 사람이 밥을 주면 마치 자연의 이치라도 되는 듯 일사분란하게 손 근처로 몰려든다. 반면 전기장 송어는 야생 물고기처럼 경계심이 눈에 띄게 많았다. 이 물고기들은 사람이 물 안으로 손을 뻗기만 해도 휙 달아나버렸다. 게다가 원송어는 보통의 제 종족보다 훨씬 더 높이 뛰어올랐다. 이렇게 거칠고 공격적인 원송어를 막기 위해 수조 가장자리에 세운 격자의 높이를 더 올려야 했다. 쉬르히는 "가끔은 작은 상어를 키우고 있는 것 같다는 생각이 들 정도"라고 말했다. 그는 이 물고기를 찍은 미공개 영상물을 보여주었다.

화면에는 헤르베츠빌에 위치한 양어장의 수조가 보였다. 돌아가는 카메라 앞에서 치바 그룹의 송어가 먹이를 먹고 있었다. 첫 번째 수조에서는 직원이 던져주는 먹이를 향해 송어 떼가 미친 듯이 몰려들었다. "저게 전기장 처리를 거치지 않은 통제군 송어입니다."라고 쉬르히가 설명했다.

그 다음 장면은 정반대였다. 직원이 또 다른 수조에 먹이를 던지자 이번에는 물고기들이 순식간에 뿔뿔이 흩어져버렸다. 야성의 본능이 원송어들을 일깨워 위험에서 피하도록 만든 것이다.

물고기를 잡아 올릴 때도 비슷한 장면이 연출되었다. 통제군 수조에서

전기장 처리를 거친 다 자란 무지개송어 수컷. 보통의 송어와는 다른 갈고리 모양의 턱은 주목할
만한 특징이다.

전기장 처리를 거친 다 자란 무지개송어의 암컷. 전기장 물고기는 보통에 비해 3분의 1 정도 더 큰 데다가 날카로운 이빨을 지니는데, 이는 야생형에서나 볼 수 있는 현상이다.

는 직원이 어망을 던지자 별 어려움 없이 물고기가 그물 가득 잡혔다. 하지만 야생 송어들은 번개같이 그물을 빠져나가서 여러 차례 시도한 끝에야 힘세고 겁도 많은 이 화려한 물고기를 간신히 몇 마리 잡을 수 있었다.

치바 그룹의 특허 문건은 실험 설계에 관한 기술적 세부 사항을 설명한 후 다음과 같이 결론을 내렸다.

전기장 처리된 물고기 알은 부화율이 훨씬 더 높다. 일반 물고기와 비교해 100퍼센트 내지 300퍼센트까지 높은 부화율을 보이는 경우도 빈번하며, 알의 품질 또한 훨씬 우수하다. 치어들은 대조군 물고기에 비해 더 민첩하고 활력이 넘치며, 특히 생존율이 크게 높다는 점에서 주목할 만하다. 이는 치어일 때뿐만이 아니라 사실상 물고기의 일생에 걸쳐 지속되는 현상이다.

통상적인 약품 처리 과정을 생략해보면 이 사실을 분명하게 확인할 수 있다. 자연 상태의 병균들을 인위적으로 억제하지 않았을 때, 대조군은 부화 후 며칠 내지 몇 주 후 전기장 처리를 겪은 물고기보다 최소 두 배 이상 감소했다.

아울러 전기장 물고기들은 동일한 영양 조건하에서 체중과 크기가 훨씬 더 빨리 증가하며 성어 단계에 이르는 시기도 뚜렷하게 더 이르다. 그런 점에서 이 물고기는 자연 상태의 환경으로 옮기거나 식용 또는 관상용 물고기로 활용하기에 더 용이하다.

결론적으로 말하자면, 새로운 방법으로 처리한 물고기는 대조군보다 활력이 강하고 더 일찍 성어 단계에 이른다. 이 물고기의 경우 양식에 필요한 약품 및 살균제제의 사용을 줄일 수 있으며, 더 나아가 약품 사용을

▲**위** 대조군의 알. 알이 죽은 후 나타나는 흰 반점이 눈에 많이 띈다. ▼**아래** 정전기장 실험에서 생긴 알. 대조군에 비해 흰 반점이 생긴 알이 극히 소량이다.

완전히 배제할 수도 있다. 또한 양식 과정을 단축하여 사료비 대비 생산율을 더 효과적으로 높일 수 있다. 이는 현재까지 알려진 어떤 양식법으로도 얻을 수 없는 장점이다.

이 새로운 어종 생성의 근본 원리는 아직 밝혀지지 않았으며, 향후 이를 구명하는 작업이 필요할 것으로 보인다.

잠든 유전자 깨우기

박테리아 색깔이 갑자기 붉게 변하고, 지구상에서 사라진 지 수천 년은 된 양치식물이 나타나고, 줄기 하나에 옥수수 열두 자루가 달렸다. 또한 유럽에서는 이미 멸종된 공격성 강한 송어가 다시 부화했다. 전통적 사고방식을 가진 생물학자들은 이런 실험에 처음부터 불편한 시선을 보냈다. 하인츠 쉬르히에게 혹시 동료들이 회의적인 반응을 보이지는 않았느냐고 묻자 그는 이렇게 회고했다.

"우리 회사 내에도 우리를 신뢰하지 않은 사람들이 많았습니다."

치바의 과학자들이 생물들의 '잠들어 있는' 유전 정보를 어찌어찌하여 깨워냈음은 분명했다. 하지만 그것이 어떻게 가능했을까? 분명 유전자 조작이라고는 할 수 없다. 전기장 처리를 거치더라도 게놈은 자신의 원래 구조를 그대로 유지했기 때문이다. 유기체의 유전자질을 의도적으로 변화시키는 유전자 조작 기술(예를 들어 외부의 유전물질을 내부에 장착하는 기술 등)과는 근본적으로 방법이 다른 것이다.

게놈 내부에 어떤 정보가 존재하지 않는다면 그 정보는 전기장을 통해서도 발현될 수가 없다. 그렇다면 무슨 일이 일어난 것일까? 비교적 복잡한 유기체의 유전자질 대다수는 오늘날 불필요한 것으로 간주하는 이른바 '정크 DNA'로 이루어져 있다. 인간의 경우 그 비율은 95~97퍼센트나 된다.

그것이 구체적으로 어떤 의미를 지니는지, 또 '쓸모 있는' 유전자질과는 달리, 과연 어떤 쓰임새가 있기나 한지에 대해서는 지금도 논란 중이다. 전문가들은 이것이 정지 상태에 있는 가짜 유전자라거나, 아니면 어떤 통제 요소가 있거나, 무의미해 보이는 염기서열 영역의 반복적 확대 현상이라는 식으로 설명을 하기도 한다.

실제로, 불필요한 가짜 유전사는 유기체가 살아가는 동안 선혀 호출뇌지 않는 것 같다. 그런 유전자는 발현, 그러니까 자기 정보의 실현이 차단된다. 생물이 발달하는 오랜 과정에서 그 유전자의 기능은 정지했을 것이다. 그러다 이제야 비로소 전기장의 도움을 받아 다시 활성화된 것인지도 모른다.

구이도 에프너는 열정적인 태도로 이렇게 설명했다.

"우리는 해당 유기체의 변이를 시도하지 않았습니다. 즉 유전 기술을 사용하여 유기체 내에 추가적으로 유전자를 집어넣는 것이 아닙니다. 완전히 새로운 유기체를 만드는 것이 결코 아니라는 것이죠. 다만 실험 과정에서 유전자 발현이 변화할 따름입니다. 즉 기존의 유전자를 불러내는 것입니다. 이것은 분명 다릅니다. 이 방법으로 자연이 사용하지 않는 유전자를 다시 활성화할 수 있을 것입니다. 컴퓨터에 비유하자면, 게놈은 세포의 데이터뱅크라 할 수 있습니다. 나는 다만 다른 데이터를 불러올 뿐입니다. 각각의 식물과 유기체에는 최적의 전기장 강도가 있습니다. 그것을 넘어서면 효과가 감소합니다. 또 거기에 미치지 못해도 효과는 나타나지 않습니다."

과거의 공간에서 새로운 질서를 불러오다

하인츠 쉬르히 역시 이 실험에 관한 나름의 추측을 자유롭게 이야기했다. 그는 전기장은 질서정연한 장이라는 점을 강조했다.

"자연은 카오스에서 오며 질서정연한 구조를 필요로 합니다. 그리하여 뭔가가 드러나게 되지요. 이것이 출발점입니다."

그의 견해에 따르면, 특정 전기장은 자연에 일정한 질서를 분명히 부여하지만 인간은 아직 그 법칙성을 알 수준에 이르지 못했다는 것이다.

"그러므로 전기장의 강도를 특정 수준으로 맞추어 진화상 어느 정도의 기간, 즉 수백 년 또는 수천 년을 거슬러 올라갈 수 있을지는 아직 말할 수 없습니다. 정확히 무슨 일이 일어났는지조차 설명할 수 없는 것이 우리의 현 수준입니다."

그는 한 가지 유력한 단서를 지구 대기권의 구성에서 찾았다. 과거 대기권의 구성은 현재와는 달랐다. 당시에는 지금보다 벼락이 훨씬 더 강하게 쳤으므로 대기권의 전기장이 지금과는 달랐다는 것이다.

"특정 전기장을 취하는 순간, 그 전기장 상태가 고루 퍼져 있던 과거 시대의 진화 프로그램으로 되돌아가는 것인지도 모릅니다. 자연도 알고 있는 간단한 정전기장으로 염색체 세트를 바꾸는 것이죠. 그렇게 해서 멸종해버린 원시 형태의 생명체를 다시 얻는 그 순간, 저는 늘 한 가지 의문이 떠오르곤 합니다. 생명체에 특정 형태를 부여하는 데 필요한 모든 정보가 정말로 유전자 속에, DNA 속에, 세포핵 속에 저장되어 있는 것일까? 아마도 그렇지는 않을 것입니다. 왜냐하면 대기권의 정전기 대전 현상 자체가, 어떤 생명체가 생겨나야 하는지에 대해 자연이 지닌 정보의 한 요소임에 틀림없기 때문입니다. 그렇게 해서 자연의 기억력은 생명의 시초까지 거슬러 올라갑니다."

훗날 독일 프라이부르크대학교 생물학과 교수 에드가 바그너는 하인츠의 이런 생각을 지지했다. 그는 전기장 실험을 자세히 조사한 후 실험 평가서에 이렇게 기록했다.

"실험 결과는 특수 전기장과 인과관계가 성립했으며, 어떤 다른 통제할 수 없는 요소에 근거한 것이 아닌 것으로 보인다."

그는 지구 대기권에도 자연 상태의 정전기장이 존재하는데 그 강도가 과거 어느 순간에 변했다고 밝혔으며, 따라서 지구의 전기장이 유전자 발현, 즉 개별 유전자가 지닌 정보의 실현에 영향을 미칠 수 있을 것이라고 말했다. 특히 뇌우 전선이 지나갈 때 자연계의 정전기장이 크게 변한다는 점을 생각하면 이는 더 분명해진다. 바그너 교수는, 전기장 효과를 활용함으로써 자연계에서 우연히 일어나는 일을 이제 의도적으로 이용할 수 있게 되었다고 말한다.

유 전 자 의 기 억

　　　　　　　특히 밀을 대상으로 한 실험은 전기장이 유전자 발현에 영향을 줄 수 있다는 사실을 강력히 암시한다. 전기장 처리를 거친 씨앗에서 단백질 획분(분리해 낸 단백질―옮긴이)의 양이 변했는데, 아직까지 새로운 단백질의 출현을 담당하는 유전자를 확인할 수는 없는 상황이라고 연구진은 보고했다.

　보고서의 다른 곳에서는 이 부분을 좀 더 상세하게 묘사했다. 특정 밀 배아의 경우 전기장 내에서 발아하는 동안 제2의 줄기가 놀라운 속도로 쑥쑥 자라났다. 이것을 유전자 발현의 변화 때문으로 볼 수 있다면 전기장 처리를 거친 씨앗에서 정상을 벗어난 효소 체계가 발달하였음이 분명하다. 연구진은 샘플 검사를 해보았다.

　치바 그룹 중앙분석실에 의뢰해 보통의 라이너리 밀, 그리고 전기장 처리를 거친 밀의 본 가지 및 곁가지에서 나온 씨앗에 대해 단백질과 관련하여 겔전기영동(DNA나 RNA, 단백질과 같은 큰 분자들을 전기적 힘을 이용하여 겔에서 이동시켜 크기에 따라 분리하는 기술―옮긴이) 검사를 실시했다. 그 결과 전기장 밀의 글로불린과 알부민 성분에서 보통의 형태에서는 나타나지 않는 획분이 두 개 나타났다. 특히 곁가지에서는 이 새로운 단백질 획분이 본 가지에 비해 더 두드러졌다.

　에프너와 쉬르히는 진화와 관련한 전기장의 의미를 다음과 같이 설명했다.

　"박테리아의 경우 진화상 더 오래된 종이 유리하다는 사실은, 생물의 발달사 면에서 더 이전 시기에는 오늘날보다도 훨씬 강력한 자연 상태의 전기장이 지구상에 퍼져 있었음을 의미합니다. 이는 온난기인 간빙기에도 분명 해당되는 이야기예요."

이런 측면에서 전기장을 이용하여 오늘날 어디에서든 볼 수 있는 박테리아를 고농도 염분에 적응시키는 실험은 특히 흥미롭다.

"높은 외부 삼투압 상태에서 이들 박테리아가 살아남는 데 결정적인 작용을 하는 글리세린 체계는 모든 박테리아 속에 존재합니다. 이 사실을 볼 때 박테리아는 모든 생명체가 바다에 서식하던 시대에 기원을 두고 있다고 생각할 수 있습니다. 또한 이 특성은 필요한 경우 다시 활성화시킬 수 있습니다. 호염성 박테리아는 원박테리아에 속하는데, 소금물에서 민물로 옮겨가는 과정을 거치지 않았기 때문에 담수에는 적응하지 못하는 것입니다."

진화 과정에서 종의 생존에 한 번 결정적 영향을 미쳤던 유전 정보는, 해당 유전자가 더 이상 필요치 않아 발현이 억제된 후에도 오랜 시간 동안 유지될 가능성이 높다. 핵심은 다음과 같다.

"우리는 이런 가설을 세워봅니다. 진화 과정에서 휴지 상태에 있던 정보가 현재는 유전자에 기억 상태로 남아 있으며 필요시 다시 사용된다고요. 이런 주장은, 증명되기만 한다면, 종의 발전과 관련해 오늘날 통용되는 관념을 엄청난 규모로 확대하게 될 것입니다."

치바 그룹, 연구를 중단시키다

하인츠 쉬르히를

인터뷰했던 기자 다그녜 케르너와 임레 케르너는 두 과학자와 대화를 나누었던 다른 많은 사람들과 마찬가지로 그들의 이야기에 매료되었다. 두 기자는 치바 그룹의 실험을 다큐멘터리로 만들려고 기획했다. 그런데 촬영을 시작하고 단 하루 만인 1992년 어느 날 놀라운 일이 일어났다.

"우리는 그곳에서 촬영을 하려 했고 이미 찍기도 했습니다. 그런데 치바 그룹이 촬영 허가를 별안간 취소해버렸습니다. 더 이상의 협의는 불가능했습니다."

치바가이기 그룹은 유망한 일련의 실험을 갑자기 중단시켰다. 실험이 완료되기도 전이었다. 외부에서 볼 때는 전혀 이해할 수 없는 일이었다. 곧 다음과 같은 추측성 소문이 돌기 시작했다. '연구가 중단된 것은 곡물들의 원형이 오늘날의 재배형보다 해충에 대한 저항력이 더 강했기 때문이 아닐까?' 당시 살충제와 종자를 생산하여 전 세계를 무대로 판매하던 치바 그룹이 회사의 수입 감소를 우려했을 것이며, 그런 제 살 깎아먹기 식의 연구를 결국 용인하지 않았으리라는 것이다.

이것은 텔레비전 프로그램 〈리포트〉의 추측이었다. 이 프로그램은 1992년 10월 5일 처음으로 구이도 에프너와 하인츠 쉬르히의 실험에 대해 보도한 바 있었다. 그리고 "치바 그룹은 할 수 있는 일을 하고 있다. 연구를 중단시킨 것이다. 특허는 이제 유럽 특허국의 서랍 속에서 잠을 자고 있다. 모방은 금지다."라고 논평을 달았다.

기자들이 회사를 불신한 것은, 무엇보다도 이 거대 제약사가 돌아가는 카메라 앞에서 연구를 중단한 이유에 대해 아무것도 이야기하려 하지 않았기 때문이다. 프로그램 방영 직전에야 편집진 책상에 공식 팩스가 한 장 날아들었다. 그 내용은 다음과 같았다.

"치바 그룹은 그 사이 이 연구를 완전히 포기했습니다. 후속 작업을 실행하지 않은 것은 이 실험이 회사의 핵심 연구 분야에 속하지 않기 때문입니다. 연구 산업 분야에서는 흥미로운 연구 주제들이 이런 이유로 프로젝트에서 탈락하는 경우가 비일비재합니다."

과 학 계 의   경 계 인

하지만 사람들이 모르는 사실이 있었다. 구이도 에프너는 심각한 심장 질환으로 1990년에 회사를 갑자기 떠나야 했다. 이 병이 그의 연구 이력에 갑작스레 마침표를 찍게 한 것이다. 이로써 실험실의 수장이 사라졌고 하인츠 쉬르히는 얼마 안 가 다른 부서로 이동했다. 거기서 그는 생물공학적 연구 과정을 관리하는 업무를 담당하게 되었다. 두 사람은 이제 개인적으로만 이 전기장 실험을 계속할 수 있었다.

〈리포트〉가 제기한 문제가 실제로 얼마나 설득력이 있는지에 대해서는 쉽게 판단할 수 없다. 확실한 것은 이 실험이 몇몇 사람들의 계획에는 적합하지 않았다는 점이다. 또한 이 문제가 치바 그룹의 수뇌부에게 결코 사소한 일이 아니었던 것도 사실이다. 〈바젤 신문〉의 1992년 10월 9일자 기사는 이렇게 지적했다.

::

쉬르히와 에프너 박사는 과학계의 주변인이다. 그들은 철저히 합리적인 사고를 견지하는 다른 자연과학자들은 설명하지 못하는 현상을 연구하는 데 매진하고 있다. 설령 그들이 잠들어 있는 유전자를 깨울 수 있는 것처럼 보인다 할지라도 어떻게 이런 재활성화 현상이 나타나는지 두 과학자는 알지 못한다. 전기장이 세포 및 유전자질에 미치는 영향에 대해서는 알려진 것이 거의 없는 것과 다름없다.

::

예를 들어 양치류 실험을 비롯한 몇몇 연구의 경우 똑같은 결과를 다시 얻기가 쉽지 않았던 반면, 전기장 처리로 식물의 발아율을 높이는 실험은 언제나 성공했다. 이어서 〈바젤란트샤프트〉는 이전 단계로의 퇴행 과정이 보통의 재배 식물들에게서도 종종 관찰된다는 점을 꼬집었다. 예를 들어 덤불장미는 꽃부리의 잎이 다섯 장인 '정상적인' 꽃 외에도 속이 찬 꽃을 피워낸다는 것이다.

〈바젤 신문〉은 치바 그룹 홍보 팀의 파트릭 카이저라는 직원의 말을 인용하여, 그 작업이 "과학적으로 확립되지 않은" 일이라는 설명을 전했다. 이 발언에 대해 쉬르히와 에프너는 불쾌감을 표했으며, 회사 내부적으로 긴장감이 조성되기도 했다.

쉬르히는 이렇게 반박했다.

"물론 사람들이 우리를 여러 가지 말로 비난할 수 있겠지요. 하지만 그것은 사실이 아닙니다. 우리는 이 실험을 통해, 우리가 대학에서 배웠던 것과 모순되는 하나의 자연현상을 확인했습니다."

하지만 이들의 실험을 비웃는 사람들은 여전히 존재했다. 치바 그룹의 일부 과학자들은 그 실험에 들어가 '원형 생물'에 대한 평가를 하는 것조차 거부했다. 그런 일은 애당초 있을 수 없다는 것이 이유였다. 실랑이 끝에 사내의 생물학자 열두 명이 마침내 '원밀' 앞에 서게 되었다. 그들은 꽤나 당혹스러워하면서 골머리를 썩어야 했다. 결국 그중 한 사람이 반박에 나섰다. 쉬르히와 에프너가 밀 알갱이를 혼동했다는 것이다. 그러나 실험 설계상 애초부터 그런 실수가 일어날 가능성을 차단했다는 점을 믿음이 가도록 두 연구원이 설명하자 실험실은 다시 정적에 휩싸였다. 결국 이 신사들은 자기들이 가져온 생물종 규정에 관한 서적만을 뒤적일 뿐이었다. 그러고 나서는 완전히 입을 닫고 말았다.

전문가들 역시 이와 비슷한 반응을 보였다. 쾰른대학교의 한 여성 발달유전학자는 텔레비전에서 이 연구에 대해 "듣도 보도 못한, 완전히 정신 나간 짓"이라고 비난을 퍼부었다. 그 학자는 곧이어 "자료를 보지는 못했다."라고 시인했지만, 당시 분위기가 어느 정도였는지는 잘 알 수 있다.

미묘하고 복잡한 척도의 문제

하인츠 쉬르히와 그의 실험실에서 대화를 나누던 중 한번은 이런 궁금증이 들었다. '예외 없이 재생 가능한 실험은 존재하지 않는 것일까?' 여기에 대해 쉬르히는 의미심장한 한숨을 내쉬며 이렇게 답했다.

"잘 알다시피 재생 가능성이라는 것은 생물학에서는 도리어 문제입니다. 자연의 힘이 모든 상황에 인과관계를 보장하는 것은 아니거든요."

"어떤 실험이 100퍼센트 재생 가능하다면 오히려 자연스럽지 못하다는 이야기인가요?"

"그렇습니다." 하고 그가 고개를 끄덕였다. "우리의 환경 체계는 늘 움직이고 있어요. 중력이 변동하고 지구의 자장도 변합니다. 대기 중의 전기 또한 안정적인 것이 아니에요. 예를 들어 제가 효소 체계를 지속적으로 관찰한다면 기존 의미에서의 재생 가능한 결과는 전혀 기대할 수가 없습니다. 그 결과가 일정한 변동 폭 내에서 나타날 수는 있겠지요. 그렇게 되면 통계라는 문제와 직면하게 됩니다. 과연 어떤 척도를 사용해야 하는 것일까요? 한 사람의 키를 여러 번 재어 얻은 평균치가 170센티미터라고 한다면, 통계적으로 분명히 그렇게 기술할 수 있습니다. 그런데 이 기준에 따르면 키가 180센티미터인 어떤 사람은 평균을 벗어나는 셈이지요."

쉬르히는 수학에 대한 자신의 엇갈린 견해를 인정했다.

"수학 언어의 발달이 우리 뇌에 흥미로운 전망을 열어준 것은 사실입니다. 새로운 지평을 계획하고 문제 전체를 수학적으로 검증할 수 있으니까요. 하지만 이는 수학이라는 분야에서만 통하는 이야기입니다. 수학 공식을 자연과학에 적용하려고 하는 순간 모든 것이 다 문제가 되고 맙니다. 수학적 차원에서 어떤 변화가 일어난다 해서 자연도 거기에 맞게 변하도록 강요할 수는 없는 일이니까요. 수학에 상응하는 자연계의 각 현상은 언제나 아주 정확한 검증을 거쳐야 합니다."

기존의 교과서적 논리로는 어차피 이 실험의 문제를 해결하기가 힘들 것으로 보인다. 게놈은 모든 실험에서 동일하게 유지되었으니 말이다. 두 연구원은 1997년 텔레비전 인터뷰에서 이렇게 주장한 바 있다.

"우리는 자연이 우리에게 제공한 것을 취했습니다. 단, 동일한 게놈에서 뭔가 다른 것을 불러낸 것이 분명합니다. 식물에서는 우연이라 할 수 없는 어떤 일이 일어났습니다. 그러나 그게 우리에게는 우연처럼 보였습니다. 그러니까 이 실험은 단주 하나를 눌러 작동시킨 게 아닌 것이지요. 과학자가 이런저런 식물의 형태를 만들려 계획하고, 그것을 위해 전기장의 강도를 일정 수준으로 조정한다는 식으로 말할 수가 없다는 것입니다. 식물에게 그런 형태를 부여하는 구조가 결국 무엇인지 우리는 최종적으로 확실하게 알지 못하기 때문입니다. 우리의 이론은 단지, 식물이 전기장 속에서 어떤 정보를 얻게 되고 그 정보가 식물을 원래의 형태로 발달하게 한다는 것입니다."

새 로 운 도 전

구이도 에프너의 조기 은퇴와 그룹 차원의 무관심은 한창 활기가 돌던 연구에 찬물을 끼얹었다. 에프너는 개인적인 차원에서라도 이 실험을 계속할 수 있을지 가능성을 타진해보았다.

여기에서 상업적인 가치를 발굴할 수 있으리라는 희망을 그는 버리지 않았다.

그는 여러 경로를 거쳐 리엔이라는 소도시의 작은 민간 연구소인 약리조사연구소(IPR)로 자리를 옮기게 되었다. 1990년대 이후 박사는 이곳에서 계속 연구에 몰두했다. 한편으로 그는 왜 과학계에서 돌파구가 열리지 않는지를 곰곰이 생각하기도 했다.

사실 전기장 실험을 통해 식물에서 이루어낸 성과는 다른 방식으로도 얻을 수 있다. 에프너도 그 사실을 잘 알고 있었다. 그러나 전기장 실험 외의 다른 방식들은 중대한 결점을 가지고 있었다. 예를 들어 새로운 유전자 기술을 이용해 식물에 외래의 유전 물질을 주입했을 때 상품의 질을 유용한 방향으로 개선할 수는 있지만 그에 따른 수많은 문제점과 부작용은 대부분이 아직 해결되지 않은 상태였다.

에프너는 이렇게 말했다.

"따라서 농업 경제적으로 중요한 식물의 특성을 빠르고도 효과적이며 저렴하게 개발하는 공정이 시급한 과제라고 보아야 합니다. 놀랍게도 전기장 기술을 사용하면 간단하게 해결할 수 있습니다."

박테리아로 마른버짐을 치료하다

구이도 에프너는 건강 때문에 이 연구를 포기하고 싶지 않았다. 관련 분야에서 공식적으로 인정하지 않을수록 의지는 더 커졌다. 그는 리엔의 실험실에서 무엇보다도 호염성 박테리아를 배양하는 데 전념했다. 이 박테리아를 이용해 마른버짐 치료에 쓰일 로돕신 성분의 의약품을 개발할 수 있으리라는 생각에서였다.

그는 고전적인 관찰 과정을 통해 이 아이디어를 떠올렸다. 수많은 마른버짐 환자는 치료를 위해 정기적으로 홍해 순례를 한다. 그곳에 가면 통증이 완화되기 때문이다. 홍해에는 호염성 박테리아가 왕성하게 서식하고 있다. 그리고 이들 박테리아는 빛을 흡수하는 색소인 로돕신을 생산하여 에너지를 얻는다. 이것이 마른버짐에 치료 효과를 발휘하는 기제가 아닐까 하고 그는 생각했다. 만약 그렇다면 이 원리를 이용한 치료법을 개발할 수도 있을 터였다.

에프너는 로돕신을 연구실에서 자체적으로 생산했다. 치바 그룹에서 실험했던 과정에 따라 먼저 박테리아가 불그스름하게 될 때까지 전기장에 노출시켰다. 그리고 건선 환자에게 200일 동안 2퍼센트 농도의 호염성 박테리아가 융해된 용액으로 처치를 했다. 이 물질을 솔에 묻혀 환자의 건선 부위에 바른 다음, 40분간 300와트의 빛을 쏘이게 했으며 그동안 박테리아 융해 용액을 5~6회 반복하여 발라주었다.

실험 결과는 고무적이었다. 처치를 받지 않은 통제 집단과 비교했을 때 융해 용액 치료를 받은 환자들의 환부는 완전히 치료되었고 6년 후까지도 버짐이 다시 생기지 않았다.

이렇게 긍정적인 결과를 얻었는데도 약리조사연구소에서의 연구는 큰 진척이 없었다. 무엇보다 실험 시설이 빈약했기 때문이었다. 치바 그룹 역시 그가 과거에 회사에서 이룬 공적에도 불구하고 그의 연구를 장려하지 않는 입장이었다. 박사가 사장되어 있던 어류 양식 특허권을 되사려는 의향을 밝히자 회사는 5억 원을 요구했다. 에프너는 이를 단호히 거부했다.

한편 하인츠 쉬르히는 그 동안 치바 그룹에서 새 프로젝트에 매진하고 있었다. 대중에게 이 전기장 실험은 이미 잊힌 사건이었지만 한편으로는 이면에서 온갖 소문이 난무했다. 특히 그 사이 널리 발달한 인터넷에서는 이 실험 결과에 대한 기괴한 추측이 갈수록 횡행했다. 완전히 터무니없는 이야기는 아니었지만 이는 결국 심각한 상황을 불러왔다.

전 기 장 에 서   공 룡 이 ?

::

전기장 실험의 대상 범위는 미생물, 곰팡이, 식물, 무척추 동물에서부터 양서류, 파충류, 조류, 포유류 등 척추동물까지 포괄한다. 척추동물은 이 실험의 절차에 따라 바람직하고 유용한 특정 변화를 나타냈다. 예를 들면 발달과 성장의 효율 상승, 유전자 발현 변화, 형태의 변화, 스트레스 내성의 강화, 개체군 동태의 변화 등이 있을 수 있다.

::

구이도 에프너는 특허 문건에서 이 점을 분명히 밝혔다. 옥수수, 양치류, 물고기까지 전기장 하에서 원시 형태로 역진화를 하게 된다면, 그러니까 명백하게 휴지 상태에 있던 어떤 특정 유전 정보가 다시 활성화된다면, 극단적인 경우 이 방법을 통해 배아에서 네안데르탈인을 만드는 일도 가능하지 않을까? 혹은 원시 시대의 공룡이 지구상에 되살아나는 일이 벌어질 수도 있지 않을까?

나는 하인츠 쉬르히와 이 끔찍한 시나리오에 대해 오랫동안 토론했다. 그는 그런 실험에 대해서는 조금의 가능성도 열어두고 있지 않았다. 그는 윤리적 책임 의식을 가지고 있었으며, 이미 세계적으로 문제가 되고 있는 유전자 기술의 과도한 영향을 우려하고 있었다. 동물이나 인간을 복제한다는 것은 말도 안 되는 일이라고 그는 생각했다. 혹시라도 그런 논의가 있을 때는 단호하게 "하느님이 하실 일을 사람이 가로채서는 안 되죠!" 하고 손사래를 쳤다. "저는 개인적으로 작은 공룡을 하나 만들었으면 좋겠다고 말하곤 합니다. 하지만 그건 어디까지나 재미로 하는 소리지 진짜 실험은 결코 하지 않을 겁니다."

하지만 공룡의 후손인 특정 조류의 유전자에 진화의 모든 과정이 저장되어 있다고 가정할 수는 있다는 이야기다. 이는 인간의 경우도 마찬가지다.

"만약 공룡을 불러내고자 한다면, 조류의 유전자 정보 속에서 공룡의 형태를 만들어낼 수 있는 정보를 일깨울 적절한 전기장을 알아내기만 하면 되겠지요. 이 실험은 배아 발달에 개입을 금지하는 법 규정에도 저촉되지 않을 것입니다. 왜냐하면 배아 대신 새의 알로 실험하게 될 테니까요." 그렇지만 이런 실험은 결코 실행되지 않을 것이다. "저는 그게 두렵습니다. 공룡은 통제를 할 수 없으니까요. 자연은 자신이 정보의 전달을 위해 이용하는 하나의 체계를 우리에게 직접 보여준 것입니다. 저는 창조를 경외합니다."

물론 이런 논의는 과도하게 앞서 나간 시나리오이며, 단순한 사변에 지나지 않을지도 모른다. 마치 스티븐 스필버그 감독이 〈쥐라기 공원〉이라는 영화로 관객들을 할리우드식 거짓말에 넘어가게 한 것처럼 말이다. 치바 그룹의 실험 가운데 그 어떤 사례에서도 한 종이 다른 종으로 '도약'하는 일은 벌어지지 않았다. 물론 송어에서 연어의 이빨을 지닌 고대의 어종이 성장하기는 했다. 그러나 그 물고기 역시 연어과로 분류될 수 있었다. 아예 다른 어종, 예컨대 '원농어'같은 것은 생겨나지 않았다.

그럼에도 이 기본적 논리는 어떤 매력을 품고 있다. 소규모로 분명히 가능한 일이 대규모로도 가능하지 않으리란 법이 어디 있는가? 치바 그룹의 사장도 비슷한 생각을 했다. 그래서 바로 그 시점에 폭탄을 터뜨려 라인 강변의 도시 바젤에 떠돌던 다른 모든 소문을 일시에 잠재워버린 것이다.

차바가이기와 산도츠, 세기의 결혼

::

'호외'는 〈바젤 신문〉에서 비교적 드문 일로, 지난 10년 동안 정확히 네 차례 호외가 발행된 바 있다. 바젤 인근에 있는 공업 단지 슈바이처할레의 한 화학 공장

에선 화재가 발생했던 1986년 11월 1일, 연방 상원에서 카이저아욱스트 원자력 발전소 설립 거부를 선언한 1988년 9월, 중동에서 걸프 전쟁이 발발한 1991년 1월, 그리고 거대 화학업체인 치바 사와 산도츠 사의 대합병으로 노바르티스 그룹이 출범을 알렸던 지난 1996년 3월 7일이 각각의 호외 발행일에 해당한다.

::

스위스의 언론은 두 거대 제약업체 산도츠와 치바의 충격적인 합병에 대해 이렇게 그 이례성을 강조했다. 두 그룹 사이에 진행되었던 비밀 협상은 최고의 경제 전문가들도 전혀 눈치 채지 못하던 일이었다. 바젤 지역의 라디오 방송국에서도, 새벽 5시 30분에 이 뜻밖의 소식에 대한 언론의 발표문이 팩스로 들어왔을 때 조금 이른 만우절 농담이 아닐까 하고 고민했을 정도였다.

두 회사의 직원 대부분도 이 소식을 언론 매체를 통해 듣게 되었다. 몇 달 전부터 비밀리에 진행된 합병으로 인해 수천 개 일자리가 희생되어야 한다는 사실이 알려지자, 수많은 관련자들뿐 아니라 스위스 국민 대다수가 일어나 이 세기의 짝짓기에 불만을 표했다. 특히 연구 인력들은 자신들이 진행하던 과학 프로젝트를 앞으로도 지속할 수 있을지 불안해했다.

그리고 얼마 후 '산도츠가 치바와의 합병에서 더 유리한 카드를 갖고 있었다'라는 사실이 밝혀졌다. 이는 업계 소식에 정통한 현지 언론사의 페터 크네히틀리 기자가 그달 말에 자신의 인터넷 홈페이지에 게재한 사실이었다. 그는 "맨 아래 단계에서는 불안감과 운명론의 분위기가 감도는 동안 최고 수뇌부에서는 엄청난 밀고 당기기가 진행되고 있다."며, 바젤 본사에서뿐 아니라 전 세계 자회사에서도 촉각을 곤두세우기 시작했다고 언급했다.

::

회장, 의장, 고위 참모진 및 수뇌부는 새로 탄생할 노바르티스 그룹에서 자신들이 생존하게 될 것인지 또는 1만 명의 실직자 명단에 들게 될 것인지를 초조하게 주목하고 있다. 눈에 띄는 점은 삼엄하게 돌아가던 산도츠 그룹의 수뇌부 층 복도에는 여유로운 분위기가 감도는 반면, 라인 강 오른편에 있던 합병 파트너 치바 그룹에는 근심의 주름살이 깊어지고 있다는 것이다.

::

이러한 관측은 얼마 후 부분적으로 사실임이 드러났다. 이 합병을 통해 사실상 산도츠 그룹이 치바 그룹을 인수한 것이라는 점이 분명해진 것이다. 치바 그룹의 직원들은 내부적으로 그저 농업 부문이 이동한 것이라 여겼지만 결국 수많은 인력이 '폐기 처분'되었다. 동시에 농업 부문은 독자적인 신젠타 그룹으로 변환되었다.

하인츠 쉬르히는 새로운 노바르티스 그룹에 그대로 남을 수 있었다. 그러나 직업적으로 더는 보람을 맛볼 수 없었다. 언젠가는 치바 그룹에서 전기장 연구를 다시 시작할 것이라는 마지막 희망이 합병과 더불어 사라져버렸기 때문이다.

그는 새로운 경영진에게 그 연구와 관련된 일체의 서류를 제출해야 했다. 실험적 연구와 '지식'을 창출하는 고전적 과학이 아니라, 이

제부터는 약품 판매를 우선시해야 했다. 이런 상황에서 논란이 되는 실험은 설 자리가 없었다.

쉬르히는 사태를 불만스러운 마음으로 따라가고 있었다. 그의 아들 마르틴은 당시를 이렇게 회고했다.

"아버지는 직업적인 것과 사적인 것을 늘 엄격하게 구분하셨습니다. 그렇지만 그 상황에서 아버지가 얼마나 큰 타격을 받았는지는 충분히 감지할 수가 있었어요. 예전에는 전기장 실험에 그리도 열성적이시더니, 이제 드디어 가족을 위해 더 많은 시간을 내시더군요. 그리고 기꺼이 독립을 생각하셨습니다. 그 달갑지 않던 합병 사건에서 유일하게 긍정적인 측면이 바로 그 부분이었을 것입니다."

쉬르히의 아들 또한 이제 아버지가 되었다. 그는 아버지가 자신과 아우를 데리고 시간 날 때마다 자연 속을 거닐던 일을 추억하곤 한다.

"우리는 시간이 나면 언제나 밖에서 지냈습니다. 소풍을 가거나 이리저리 돌아다녔지요. 아버지에게서 자연에 대해 많은 것을 배웠습니다. 아버지는 관찰 능력이 뛰어난 분이었고, 당신의 지식을 흥미로운 방법으로 전달하여 다른 사람들이 쉽게 이해할 수 있도록 하는 능력이 있었습니다."

아버지 쉬르히는 특히 삶과 생명 하나하나에 대한 경외감을 강조했으며, 무엇이든 이유 없이 파괴해서는 안 된다고 가르쳤다.

"자연은 말할 것도 없지요. 우리는 결국 그 안에서 생겨났으니까요."

그런 점에서 치바 그룹의 실험적 연구는, 쉬르히가 스스로 관찰한 것을 전문적으로 체계화하는 이상적 발판이 되었던 셈이다.

"치바 그룹에 있던 구이도 에프너 박사님의 연구실로 옮기고 나서 아버지는 정말 얼굴이 활짝 피셨어요. 성과에 대한 압박도 그다지 받지 않았습니다. 우선 연구를 하고 난 다음에야 그 발견에서 어떤 상업적 이용 가능성을 끌어낼 수 있을지를 고민했지요. 아버지가 꿈꾸던 환경이자 큰 기회이기도 했습니다."

하지만 그 후 에프너와 쉬르히는 치바 그룹에 의해 일련의 연구를 중단할 수밖에 없었다. 아버지는 그 일로 낙담했다고 아들은 기억했다.

"그 후 있은 합병도 아버지께는 타격이었죠. 그 직전까지만 해도 치바 연구소는 실험을 위한 최신식 설비에 많은 돈을 투자했습니다. 그런데 그 값비싼 새 기기들이 갑자기 무용지물이 되어 여기저기 나뒹굴게 되었던 것이죠. 아버지는 무척 화가 나셨어요."

두 과학자는 1990년대 중반 무렵 전혀 다른 고민에 빠지게 되었다. 전기장 실험에 대한 소문이 인터넷을 타고 세계적으로 퍼져나가면서 왜곡되었기 때문에, 실상을 밝히는 작업을 해야만 했다. 논란의 중심에 있었던 것은 일명 '바이오 해커'들이었다.

바 이 오 해 커 들 의 위 험 한 상 상

유전자 조작과 마찬가지로 유전자 발현 또한 결코 가볍게 다루어서는 안 되는 일이다. 하지만 이 실험의 설계는 놀라울 정도로 단순해서, 과학에 취미가 있는 사람이라면 전문 용품 매장에서 실험에 필요한 도구를 충분히 손에 넣을 수 있다. 그리고 약간의 노력만 기울이면 전기장 실험실을 완성할 수 있다. 에프너와 쉬르히는 이 사실을 비밀로 하지 않았으며, 대부분의 실험 내용을 특허 문건에 세세히 공개했다. 이 특허 문건은 누구나 열람할 수 있다.

그런데 몇몇 젊은 해커들은 상황을 달리 보았다. 그들은 1995년 치바가이기의 기업 내부 데이터뱅크에 침입을 시도했다. 그리고 거기서 실험 설비의 개요와 자료를 발견했다. 그들은 전기장의 최적 강도까지 포함하여 이 정보를 즉시 인터넷에 올렸고, 다른 네티즌들은 이를 열심히 내려 받는 한편 열 띤 토론을 벌였다. 이 사건은 당시 언론에서도 주목을 받아 대서특필되기도 했다.

이에 대해 데이터 보안 전문가 크리스티안 치머만은 저서 《해커》에서 우려를 표명했다. 이 실험은 민간 기업의 여타 연구 성과와 같은 의미에서 비밀로 분류된 실험은 아니었다. 하지만 해커들의 태도에는 분명 걱정할 만한 부분이 있었다. 당시 다수의 젊은 해커들은 원래의 실험과 유사하거나 동일한 설계를 재미 삼아 함부로 따라했다. 그리고 그런 행동이 어떤 결과를 낳을지에 대한 고민도 하지 않은 채 자신들의 경험을 떠벌렸다. 치머만은 열일곱 살짜리 아마추어 유전공학자가 해커들의 온라인 포럼에 올린 다음과 같은 보고서를 예로 들었다.

::

처음에는 인터넷에 뜬 그 문서가 허위일 것이라고 생각해서 제대로 된 답변을 올릴 생각이었다. 그런데 회로도를 자세히 들여다보고 문제가 없는지를 확인한 후 깜짝 놀랐다. 아주 정확하고 논리적이었던 것이다. 나는 문서를 제대로 검토하기로 하고 생물학을 전공하는 친구에게 보여주었다. 친구는 그 문건이 아마도 사실일 것이라 말하고는 손을 떼라고 진지하게 충고했다. 하지만 나는 전기 제품 판매점으로 가서 부품들을 구입했다. 여러 가게를 돌며 필요한 재료를 모두 구입한 후 그 잡동사니들을 회로도에 따라 맞추고 이리저리 실험을 해보았다.

일단은 실험 기계를 갖는 것만으로 충분했다. 이 세상에 존재하는 가장 복잡한 프로그램인 유전자를 해킹할 수 있다는 생각이 어쩐지 멋져 보였다. 나는 꼬박 두 달간 그 기계에 푹 빠져 있었다. 그런 다음 첫 실험을 감행하게 되었다. 나는 꽃씨를 몇 개 사서는 그 안에 놓아두었다. 인터넷 사이트에서 보았던 대로 실험 설계를 조금 변경했다. 위쪽 판을 조금 기울이면 여러 씨앗을 서로 다른 전기장 강도에 노출시킬 수 있기 때문에 다양한 반응을 볼 수 있을 뿐 아니라 실험 시간을 단축할 수 있다.

이제 내가 정원에 심은 실험 결과들은 눈으로 확인할 수 있을 정도다. 혹시 가시 달린 튤립을 본 적 있는가? 내 실험은 잘 되어가고 있다. 이제 곧 날이 추워질 테니 최초로 작은 겨울정원을 만들어볼까 한다. 토마토와 딸기는 어떤 반응을 보일까? 생각만으로도 흥분이 된다. 아마 나중에 이 기계에 대해 특허를 얻을지도 모르고 그러면 정말 주머니가 두둑해지겠지. 그러나 아직은 꿈일 뿐이다. 일단 해보는 거다.

::

먹잇감에 달려드는 언론들

가시 달린 튤립이라고? 구이도 에프너는 치머만이 언급한 사례를 듣고는 고개를 가로저었다.

"이 사람들은 자신이 뭘 하고 있는지 모릅니다!" 그는 벌컥 화를 냈다. "모든 실험 결과는 사전에 연구실에서 철저히 평가하지 않은 채 외부로 유출해서는 안 됩니다. 실험 결과를 통제 없이 공개했을 때 자연의 균형에 문제를 일으킬 가능성을 배제할 수 없습니다."

슈테른 TV에서 치머만이 제기한 문제가 방영되자 사람들은 경고의 손가락을 치켜들었다. 기자들은 "박테리아가 전기장 안에서 자신의 유전자를 변형시킨다."라고 강조했다. "이는 치바 그룹의 연구원들이 당시 연구에서 증명한 사실입니다. 인간에게 무해한 박테리아가 전기장 처리 후에는 아주 위험해질 수도 있습니다. 그러니까 감염의 우려가 생길 수 있다는 것이지요."

프로그램 제작진들은 에프너의 특허 문건을 잠깐이지만 언급하고 지나갔다. 이 문서에는 박테리아의 스트레스에 대한 내성이 전기장 내에서 어떻게 향상되는지에 대해서도 서술되어 있다. 이것은 한편으로 긍정적인 결과를 암시하는 의미 있는 연구이다. 에프너는 텔레비전에서 다룬 것과는 달리 그 공포의 시나리오를 완전히 중립적인 입장에서 판단하길 원했다. 그는 "박테리아가 언제 감염성을 띠게 되는지, 또 언제 그 반대 현상이 일어나는지를 우리는 알 수 없습니다." 하고 냉정하게 잘라 말했다. 그리고 이렇게 한마디를 덧붙였다. "물론 그 가능성을 완전히 배제할 수는 없겠지요."

하지만 기자들은 이미 먹잇감을 포착한 상태였다. 이렇게 불붙은 상황에 치머만이 신나게 기름을 끼얹었다.

"저는 그 결과를 보았습니다. 토마토나 양파, 또 가시 달린 튤립도 보았죠. 여러 모양의 거미도 있었는데 몸체가 아주 컸습니다."

에프너는 중심을 잡으려 애썼지만 슈테른 TV의 극단적인 제작 의도를 어찌할 수는 없었다. 오히려 그들은 그의 이야기를 부분적으로 발췌하여 의도하지 않은 방향으로 이용하기도 했다. 방영된 프로그램에는 "공포의 실험"이니 "신을 가지고 논 해커"니 하는 자극적인 표현이 난무했다.

1996년 8월 26일 〈슈피겔〉은 다음과 같은 냉소적 평을 내놓았다.

::

에프너 박사는 자신의 실험 내용을 아직까지도 공식 발표하지 않았다. 그 대신 1990년대 초 이래로 그의 신비에 싸인 역진화 이론은 텔레비전 방송을 통해, 언론을 통해, 그리고 신비주의 성향의 서적들을 통해 번지고 있다. 그중에서도 치머만은 처음으로 언론이 주목할 만한 역작을 내놓았다. 그는 결코 증명된 바 없는 에프너 박사의 실험이 이제 해커들의 은밀한 지식이 되었다고 단언하며, 더불어 유전자 발현 기술의 유출 사건과 그로 인한 혼란과 공포, 그리고 해커들의 끔찍한 실험 사례들을 한데 모아놓았다.

::

이것으로 성에 차지 않은 〈슈피겔〉 기자들은 슈테른 TV에서 보도한 내용을 다른 과학자에게 평가해달라고 제안했다. 그리고 그들이 전기장 실험에 강렬하게 반발하는 대목을 자극적으로 편집하여 덧붙였다.

"그 프로그램을 보고 배꼽 빠지도록 웃었습니다.""전기장으로 잠자던 유전자를 다시 활성화시킬 수 있다는 건 말도 안 되는 소리죠." "기적을 뛰어넘는 기적입니다. 마침내 형이상학에 대한 확실한 증거를 찾았나보군요!" 이 분야의 학자와 교수, 전문가들은 이렇게 논평했다.

한 가지 분명한 사실은 〈슈피겔〉 쪽에서 경쟁사인 〈슈테른〉에 한 방 먹이고 싶어 했다는 것이다. 과학계 전문가들이 그 일에 순순히 동원되었으며, 자신들이 깊이 관여하지도 않은 일에 심한 비난을 퍼부었다. 〈슈피겔〉에 발언을 하겠다고 나선 많은 이들 가운데는 독일의 유명한 환경운동가이자 언론인인 프란츠 알트도 있었다. '생태계의 교황'이라 불리는 그는 독일의 언론과 방송을 대표하는 밤비상과 그림메상 수상자이기도 하다. 그가 반격의 호루라기를 분 것이다.

그는 "어떤 과학자들은 배꼽 빠지도록 웃었을지도 모릅니다."라고 날 선 글을 시작했다. "그러나 그들과 〈슈피겔〉이 불가능하다고 여기는 것을 쥐트베스트 방송국은 이미 1992년에 촬영하여 방영했습니다. 500년 전에나 이 땅에 자랐을 법한 옥수수, 수백만 년 전에 존재했을 양치류, 그리고 우리 조상들이 150년 전에 보았을 무지개송어를 말입니다."

구이도 에프너 박사는 슈테른 TV의 방송 후 심한 분노를 느꼈다. 건강은 점차 악화되었고, 대중들은 여전히 그의 연구가 긍정적인 방

구이도 에프너 박사. 이 달변의 과학자는 최근까지도 학계의 인정을 얻기
위해 투쟁했다.

향에서 얼마나 획기적인 의미를 지니는지 알지 못했다. 그는 너무 큰
타격을 입어 당분간은 관련 분야에서 실험을 시작하기 힘들 것만 같
았다. 나중에 다른 방송사인 포쿠스 TV를 통해 그는 이렇게 이야기
했다.

"슈테른 TV 측이 인터뷰를 하러 나에게 왔을 때 그들의 생각은 이
미 확실했습니다. 해커들이 정보를 입수할 수 있고 훗날 인간에게 위
협이 될 만한 괴물을 만들 수 있다는 것이죠. 하지만 그건 말이 안 됩
니다. 그들은 저의 설명을 잘못 해석했고, 해설 또한 잘못되었습니다.

저는 정반대로 그런 위험은 존재하지 않음을 시사했습니다."

 1990년대 중반, 에프너는 자신의 연구에 과연 미래가 있을 것인가라는 질문을 받은 적이 있었다. 그는 신중하게 고개를 가로저으며 대답했다.

 "유전자 발현 실험은 아직 때가 무르익지 않았습니다. 현재는 여전히 유전자 조작을 선호하는 상황입니다. 유전자 발현에 이르기까지는 아마도 시간이 더 걸릴 것입니다. 연구에도 유행이라는 것이 있습니다. 어떤 연구가 시작되면 별안간 온 세계가 다 똑같은 것을 합니다. 자기장을 다루는 과학자는 매우 많지만, 생물학 체계 내에서 정전기장을 다룬 사람은 분명 제가 처음일 것입니다."

원시의 기억

"우리는 이 실험을 통해, 우리가 대학에서 배웠던 것과
모순되는 하나의 자연현상을 확인했다."
:: 하인츠 쉬르히

과학자들이
믿을 수 없는
일을 증명하다

'시대정신'이라는 이름의 독재자

기존의 사실에 의문을 제기하여 입증된 것은 세상을 바꿀 힘을 갖는다고 사람들은 생각한다. 하지만 실제로 교과서가 바뀔지를 결정하는 것은 소위 '시대정신'이라는 것이다.

이 시대정신으로 인해 어떤 정보는 전 세계를 바람과 같은 속도로 한 바퀴 돌지만, 또 다른 정보는 씨앗 속에 갇혀 피어나지도 못하고 질식한다. 하지만 사실 시대정신은 환영(幻影)과 다르지 않다. 그것을 잡으려 하면 손에서 빠져나가 다시는 볼 수 없게 된다.

그렇다면 이 시대정신이란 도대체 무엇일까? 유행하는 사고방식? 지식인의 인생관? 현재의 집단적 의식 상태? 동시대의 사상을 지배하는 불가사의한 가상적 제도? 그도 아니면, 그저 인간들의 자의적

논리에 겉보기 그럴싸한 외관을 얹어주는 말의 껍질, 그러니까 게으른 생각을 대신해줄 변명일지도 모른다.

어떤 사람들은 이것을 정당화의 근거로 이용하고, 또 어떤 이들은 변명거리로 삼는다. 시대정신은 그처럼 인간의 한계로 가득한 개념이다. '옳다, 그르다.' 또는 '좋다, 나쁘다'라는 문제가 제기되면 늘 시대정신이 나서서 대중의 의견을 지배하고 그럼으로써 인간을 지배한다. 이것은 독재자이며 최고재판관이자 동시에 도덕의 수호자로 우리의 머릿속에 각인된다. 무의미한 말을 타작하는 보수적인 타작꾼, 그것이 시대정신이다.

논란거리가 되던 어떤 발명품이 탁월한 성능을 검증받은 후에도 여전히 무시된다면 '아직 때가 무르익지 않아서'이다. 그러다가 발명자가 죽은 뒤 다른 사람들이 한몫 단단히 챙기는 것은 비로소 때가 무르익었기 때문이다. 어떤 불편한 과학적 발견이 기존 개념에 의문을 제기한다는 이유로 무시된다면 과학자들은 50년이 지난 후 무력하게 "당시로서는 시대를 너무 앞서 나간 발견이었지……." 하며 한탄할 수밖에 없는 것이다.

세 상 을   바 꾼   이 단 아 들

지난 수백 년 동안 이런 '시대정신'에 희생된 과학계의 개척자와 아웃사이더들은 수없이 많다. 갈릴레오 갈릴레이는 그중 가장 대표적인 인물일 뿐이다. 많은 사람들이 그들을 비웃었고 과학계에서 내쫓았으며 종종 자살로 내몰기도 했다. 하지만 오늘날 그들의 발견은 온갖 서적에서 넘치는 찬사를 받고 있다.

빌헬름 콘라트 뢴트겐이 19세기 말 엑스선 발견을 발표하자 학계는 발칵 뒤집혔다. 영국의 유명한 물리학자 켈빈 경은 그의 발견을 '정교한 속임수'라 말했으며, 의료물리학 분야의 권위자 프리드리히 데사우어 교수는 1937년 프라이부르크대학교에서 이렇게 강연했다.

"엑스선이란 불가능하다고 외치는 회의론자들이 아직 많습니다. 초창기의 선지자들은 엑스선의 의학적 의미를 인정하지 않았습니다."

전기공학의 창시자인 베르너 폰 지멘스가 피복선과 나선의 정전기 대전 이론을 소개했을 때, 그 또한 크나큰 저항과 싸워야만 하였다. 그는 자서전에서 이렇게 회고했다.

"나의 이론은 자연과학계 안에서도 처음에는 전혀 정당한 신뢰를 얻지 못했다. 당시의 지배적인 생각에 어긋났기 때문이다."

미국의 생물학자 오즈월드 애이버리가 1944년 디옥시리보핵산, 즉 DNA가 유전 정보를 담고 있음을 확인했을 때도 사람들은 한마디도 믿지 않았으며 오랜 시간 동안 수많은 과학자들은 유전자를 단순한 단백질 분자로 간주했다. 이를 두고 영국의 노벨상 수상자 제임스 왓슨은 "그들 상당수가 고집불통 바보들이다. 완고한 확신을 가지고 늘 실패만 하는 그런 바보 말이다."라고 말했다.

1951년 생물학자 바버라 매클린톡은 개별 유전자가 게놈 내부에서 돌아다닐 수 있고, 더 나아가 개별 염색체 사이를 뛰어넘을 수 있다는 연구 결과를 발표하여 동료 과학자들로부터 '미친 노파'로 낙인찍

히고 말았다. 그녀는 학계의 내로라하는 인물들이 그토록 편협한 시각을 가졌다는 사실에 경악했다.

"그 사람들은 나를 설득할 수 없다고 판단하자, 나를 웃음거리로 삼더니 급기야 미쳤다고 말하더군요. 처음에는 그런 사실에 일단 적응해야 했습니다. 그 사람들은 스스로가 모델이라는 코르셋 속에 갇혀 있다는 것을 몰랐어요. 그렇다고 그런 상황을 가르쳐줄 수도 없는 노릇이었죠. 아무리 이야기해도 소용없으니까요."

작고하기 9년 전인 1983년, 매클린톡은 공로를 인정받아 노벨상을 받았다.

오스트레일리아의 청년 의사 배리 마셜이 1983년 전문 학회에서 위궤양이 섭생이나 정신적 문제가 아니라 헬리코박터균 때문임을 처음으로 밝힌 후에도 비슷한 일이 일어났다. 그는 의학계에서 쓰라린 조소만을 샀다. 수많은 교수들은 "무균 상태의 위장 안에 균이라니? 젊은이, 집에 가서 숙제나 좀 하지 그래!" 하고 말했으며 그에게 주목하는 이는 수년 동안 아무도 없었다. 1990년대에 들어서야 학계는 '그 괴짜 같은 젊은이'가 정말 옳았음을 인정했다. 2005년에 배리 마셜은 발견의 공로로 노벨 의학상을 받았다.

인정받지 못한 천재들을 집중적으로 연구하는 하인리히하이네대학교의 의학사 연구소 소장, 한스 샤데발트 교수는 말한다.

"의학사가로서 나는, 위대한 발견을 하고도 갖가지 어려움 때문에 수년, 심하게는 수백 년이 지난 다음에야 그 가치를 제대로 인정받는 예를 수없이 보았습니다."

샤데발트 교수는 그 이유를 각 시대사의 환경에서 찾았지만, 때로는 해당 분야 내의 불행한 상황 때문으로 보기도 한다. 오늘날에도 그런 혁명적 발견들이 계속 이루어지고 있을 테지만, 즉각 인정을 받지는 못하리라고 그는 확신한다. 어떤 과학적 성과가 발표되기 전에 미리 검토하는 일을 하는 과학위원회도 이따금 잘못된 평가를 내리고, 그리하여 나중에 힘겨운 절차를 거쳐 정정하지 않으면 안 된다는 것이다. 하나의 가설은 시간이 흐른 후 새로운 연구 방법을 통해 비로소 큰 지지를 받거나 결정적으로 거부될 수도 있다.

과학계의 체계가 이러한 환경에 책임이 있는가 하는 물음에 대해서 샤데발트 교수는 소극적 태도를 보인다. "과학계의 활농에 변화를 준다고 이런 유감스러운 상황이 개선되리라고는 생각하지 않습니다." 그보다는 오히려 '과학적 행운', 즉 발견자가 자신의 성과를 올바른 곳에 발표하든가, 든든한 후원자나 자신이 이룬 성과의 의미를 즉시 알아보고 지지해줄 사려 깊은 스승을 만나는 것이 더 중요하다는 것이다.

저 명 한 노 교 수 의 조 언

구이도 에프너와 하인츠 쉬르히의 전기장 실험을 바로 곁에서 지켜보았던 사람이 한 명 있었다. 그는 바젤바이오센터 소속으로, 세계적으로 유명한 미생물학자이자 노벨상 수상자인 베르너 아르버 교수이다. 그는 소위 '유전자 가위'를 발견한 사람이기도 하다. 이 제한효소는 DNA를 특별한 위치에서 절단하는 역할을 한다. 1960년대 말 아르버 교수의 이 혁명적 발견은 현대 분자생물학의 시초가 되었으며 이로써 유전공학이 탄생하게 되었다.

1980년대 말 이 스위스 교수는 쉬르히의 초대로 치바 그룹의 실험실에 몸소 찾아와서 전기장 처리를 거친 송어와 식물들을 살펴보았다.

베르너 아르버는 당시를 이렇게 기억한다.

"정말 충격적이었습니다. 나는 유전윤리학자로서, 정전기장이 개체 발달에 영향을 줄 수 있다는 사실에 당연히 큰 관심을 갖고 있었습니다. 그것이 재생 가능하다니 더욱 관심이 일었지요."

그는 에프너와 쉬르히에게 그 결과를 발표하라고 조언했다.

"그러나 그 두 사람은 그렇게 하려고 하지를 않았습니다. 두 사람이 치바 그룹의 직원이었다는 사실이 얼마나 영향을 미쳤는지 저로서는 말할 수 없습니다." 하지만 그 실험이 반드시 회사의 이익을 목표로 한 것은 아니었다는 점은 분명히 알 수 있었다. "오늘날이라면 그 실험은 당연히 더 크게 문제가 되었겠지요."

그렇다면 전기장 속의 정크 DNA, 즉 사장된 DNA에서 정말 정보가 호출된 것일까?

"꼭 그렇다고 볼 수는 없습니다." 아르버 교수는 지적했다. "유전자의 결정, 그러니까 특별한 발달 방향이 확정되는 과정은 결코 정밀한 방식으로 진행되지 않는다는 관점이 점점 더 인정을 받는 추세입니다."

그는 특히 환경이 여러 경우에 함께 작용을 한다고 말했다.

"제가 보기에 전기장은 환경이거든요. 즉 다양한 분자 사이의 상호작용이 일정한 상태의 전기장 안에서 영향을 받을 수 있다는 것입니다. 소위 정상 상태에 역행해서 말이죠."

그는 지금도 치바 그룹의 그 전기장 연구를 회상한다고 했다.

"이 일이 당시에 전혀 인정을 받지 못했다는 것이 왠지 슬프네요. 그러나 언젠가는 누군가 그 내용을 새로 발견하게 되리라고 확신합니다."

베른에서 온 지원군

베다 슈타들러 교수는 그 실험에 대해 처음 듣는 소리라고 답했다. 베른대학의 면역학 연구소 소장으로서 유전자 전문가인 그 역시 기본적으로는 정전기장이 배아 발달에 영향을 주는 일이 가능하다고 보았다.

"맨 처음에는 중력이 배아에게 영향을 미치지요. 제일 처음에는 세포 하나뿐입니다. 그러다 둘, 넷, 여덟, 열여섯, 이렇게 늘어가지요. 그 과정에서 시간이 지나면 아래에 있는 세포는 위의 세포와는 달리 신체의 특정 기관이나 부위로 발달하게 됩니다. 바로 이때 중력이 일정한 역할을 합니다. 이 발달 단계에서 전기장이 극성(極性) 변화를 유도할 수 있다는 생각을 당연히 할 수 있겠죠."

슈타들러 교수는 현재 과학적 명성을 얻었음에도 그런 명성의 토대가 되어준 기존 체계에 늘 다시 비판적 질문을 던지는 소수의 전문가 중 한 사람이다. 동시에 그는 유머를 잃는 법이 없다.

"첫 미생물학 수업을 듣던 날이었습니다. 교수님이 접이식 칠판을 펼치자 색분필로 정성 들여 쓴 시가 한 편 나타났습니다. 아직도 그 일을 생생하게 기억하고 있어요. 하지만 그 시가 영어였다는 것, 그리고 제법 재미있었다는 것 외에 시 내용은 잊어버렸습니다. 노교수는 몇 안 되는 어린 학생들을 바라보시더니 '거기 세 사람이 웃었는데, 자네들에게는 연구 기회를 주지. 나머지는 일단 영어를 먼저 배워야겠네.' 하고 말씀하시더군요. 강의실에서 저와 함께 웃었던 두 '웃음 동지'는 현재 한 회사의 생물의학 분야에서 활동하고 있습니다. 그날 웃지 않았던 나머지 학생들은 몇 학기 지나고 나서는 더 이상 보이지 않았죠. 그때가 1972년이었습니다. 그때 상아탑에서는 바벨탑에서와 같은 언어의 혼란을 극복하는 게 중요한 문제였습니다."

실제로 당시 우수한 과학 잡지와 저서들은 영어로만 출간되었다.

"우리에게 영어는 오늘날까지 '공식 언어'입니다. 그런 점 때문에 상아탑이 바벨탑처럼 된 것일지도 모르지요. 자연과학자들이 적어도 자기네끼리는 의사소통을 할 수 있으리라고 생각하는 사람들이 많을 것입니다. 그러나 실제로 오늘날 그것은 너무나 어려운 일이 되어버렸습니다. 각 전문 분야는 자기들만의 용어를 발전시켰고, 대부분의 학과에서는 개론 강의 대부분을 신조어를 배우는 데 할애합니다."

베다 슈타들러 교수는 치바 그룹의 실험을 피상적으로만 들은 후에도 큰 흥미를 보였다. 그는 특히 열두 자루가 달린 옥수수에 주목했다. "옥수수의 원조인 '테오신테'와 원옥수수 간의 잡종이군요. 내가 알기로는 더 이상 존재하지 않는 종이에요."

그는 물리적 수단을 이용해 오늘날의 재배 식물에서 옛 유전자 세트를 다시 만드는 것은 충분히 상상할 수 있는 일이라고 설명했다.

"결국 식물뿐만이 아니라 모든 생명체가 아주 유사한 유전자 세트 위에 구축되어 있거든요."

그는 호메오유전자(특정 기관의 발달에 관여하는 유전자 복합체를 조절하는 총괄 유전자—옮긴이)에 포함된 호메오박스를 예로 들었다.

"안구 생성 과정을 통제하는 동일한 호메오유전자 속의 호메오박스를 통해서 곤충은 겹눈을, 우리 인간은 이렇게 높은 성능의 눈을 생성하게 됩니다. 누군가와 사랑에 빠지기도 하는 눈 말이죠. 그러니까 동일한 유전자가 서로 다른 환경에서 완전히 다른 외형을 생성시킬 수 있지만, 그 유전적 토대는 같을 거라는 말입니다."

주 인 을   잘 못   찾 은   명 예

구이도 에프너와 하인츠 쉬르히가 그 실험을 그저 특허 문건과 연구 보고서 형태로 남기지 않고, 학계에서 흔히 하듯 공식 발표를 했더라면 어땠을까.

보수적인 학자들의 비판과 의혹을 피할 수는 없었겠지만, 적어도 세계적인 관심을 끌었을 것이다. 특히 수백만 년이나 된 옛 미생물과 관련해서는 말이다. 그 관심은 오늘날 다른 사람이 받게 되었다.

2000년 10월 19일, 미국 웨스트체스터대학교의 과학자 러셀 브릴

랜드 교수가 휴지 상태에서 250만 년이나 생존한 박테리아를 발견했다는 기사가 인터넷에 올라왔다.

"이로써 이 박테리아는 지구상에서 발견된 가장 오래된 생명의 자취가 되었다. 지금까지 살아 있는 상태로 발견된 그 어떤 유기체보다도 열 배나 더 오래된 것이다. 이 미생물은 소금 결정 속에 갇힌 채로 뉴멕시코 주 남동부의 어느 동굴 속 609미터 깊이에서 시추한 암석 샘플에서 발견되었다. 연구원들이 미생물을 결정에서 추출한 후 배양액에 담그자 오랜 휴지 상태에서 깨어났으며 다시 성장하기 시작했다. 이 박테리아는 오늘날 사해에서 사는 2-9-3 균종과 유사하다."

소금 결정의 표면을 살균했기 때문에 현재 존재하는 박테리아에 오염될 가능성을 최소화했으며, 새로 발견한 박테리아가 다른 출처에서 유래했을 가능성은 10억 분의 1에 불과하다고 이 과학자는 〈네이처〉에 보고했다. 이에 대해 독일 통신은 "지금까지 가장 오래된 생물체로 기록된 것은 약 3000만 년 된 박테리아로, 호박(琥珀)속에 갇힌 벌의 화석에서 나온 것"이라고 보도했다.

한편 이스라엘의 과학자들은 2001년에 《분자 생물학과 진화(Molecular Biology and Evolution)》라는 전문 학술지에 이의를 제기했다. 자신들이 그 세균을 조사한 결과, 유전자가 현대의 박테리아와 아무런 차이가 없음을 확인했다는 것이다. 소금 결정이 아무래도 실험 과정에서 오염되었을 것이라는 결론이었다.

에프너와 쉬르히가 발견한 2억 년 된 호염성 스코풀라리옵스는 태고 시대 유기체로서 여전히 세계 기록을 보유할 수 있을 것으로 보인다. 다만 지금까지 과학계의 그 누구도 그 사실을 인정하지 않고 있을 따름이다. 두 사람은 이미 1990년에 이 엄청난 업적을 스위스 연방의 공기업인 라인 제염회사의 영업 보고서에 사진과 함께 발표한 바 있고, 또 1992년에는 이 연구로 바젤자연연구학회가 수여하는 상을 받았는데도 말이다. 1988년에는 수백만의 시청자 앞에서 스코풀라리옵스를 소개한 적도 있다. 〈슈퍼트레퍼〉의 진행자 쿠르트 펠릭스는 이 박테리아를 위해 특수 카메라가 장착된 현미경을 스튜디오에 설치하도록 배려했다. 그렇게 하여 객석의 방청객뿐 아니라 각 가정의 시청자들도 재활성화된 태초의 유기체가 움직이는 모습을 생방송으로 시청할 수 있었다.

소금 속에 보존된 2억 년의 세월

이들의 선구적 작업이 1980년대 말 스위스의 몇몇 언론에서 짧은 기삿거리가 되는 동안, 이런 종류의 연구는 세계적으로 큰 유행이 되었다. 하지만 의문은 여전히 그대로이다. 어떻게 수백만 년이나 된 미생물이 그렇게 오랫동안, 그것도 생존에 적대적인 환경 속에서 살아 남을 수 있는가 하는 것이다.

잘츠부르크대학의 유전학 및 일반 생물학 교수 헬가 스탄로터는 국가에서 지원을 받아 관련 연구를 하고 있다. 지리적으로 다양한 환경에서 채집한 호염성 박테리아를 배양했는데, 연구 결과는 우주 여행에도 중요한 의미를 지닌다. 다른 혹성에 소금의 흔적이 존재하는 경우, 예를 들어 화성에서 최소한 박테리아 같은 생명체가 발견될 가능성이 있기 때문이다. 스탠로터는 오스트리아 제염회사와도 협력 관계를 맺고 있다. 회사는 자사 소유의 지하 소금 터널을 확장하면서 폭파 작업을 할 때 600~700미터 깊이에서 나오는 신선한 샘플을 늘 공급해준다. 또한 염원(鹽源) 탐사를 위해 시추한 샘플도 연구용으로 제공한다.

"이런 샘플은 아주 흥미롭습니다. 그 누구도 손댄 적이 없는 것이죠. 멸균 조건이 우리에게는 절대적 의무 사항입니다. 현대의 박테리아로 인한 오염을 피해야 하거든요."

스탠로터가 진행하는 프로젝트의 목표 가운데 하나는, 지리적으로 다양한 곳에서 채취한 소금 침전물 속 미생물 개체를 연구하는 것이다. 그는 오스트리아, 독일, 영국, 미국 뉴멕시코 주와 텍사스 주의 증발 잔류 퇴적층인 살라도 층의 소금 침전물에서 구한 시료들을 비교하는 작업을 한다.

이때 중요한 것은, 각 시료의 나이대가 동일해야 한다는 점이다. 즉 지금으로부터 2억 9000만 년 전에서 2억 5000만 년 전인 고생대 페름기의 침전물이어야 한다. 목표는 이 박테리아를 추출하여 배양하고, 그것이 이미 알려진 호염성 박테리아와 친척 관계에 있는가를 확인하는 것이다.

지금까지의 결과를 보면, 조사한 소금 시료는 예상보다 훨씬 다양한 종류의 호염성 박테리아를 함유하는 것으로 나타났다. 스탠로터 교수는 구균(球菌) 형태의 신종도 두 종류 발견했는데, 오늘날의 박테리아와 비슷하기는 하지만 지금까지 전혀 보고된 바 없는 것들이었다.

"이것은 그 박테리아가 실제로 그렇게 오랫동안 생존했다는 단서입니다. 우리는 이것을 분자생물학적으로 연구할 수 있기를 바랍니다. 이 유기체의 장기 생존을 위한 전략도 계속 탐구해야겠죠. '보존 분자'를 발견하여 그 특성을 이용할 수도 있을 것입니다."

전기장 실험, 서랍 속에서 나오다

그동안 에프너와 쉬르히의 고전적 전기장 실험은 분명한 검증과 승명을 거쳤다. 녹일의 젊은 생물학자 악셀 셴이 이를 주도했으나, 아쉽게도 그는 학계에서 전혀 주목받지 못했다.

그가 독일 마인츠의 구텐베르크대학교에 제출한 300쪽이 넘는 석사학위 논문의 다소 무미건조한 제목은 《정전기장이 배아의 생태에 가하는 작용과 다양한 곡류의 개체 발생》(2001)이었다.

그는 당시 1111~5555V/cm의 정전기장으로 실험을 했는데, 실험 대상은 주로 하이브리드 곡류와 옥수수였다. 재료는 모두 시장에서 일상적으로 구입할 수 있는 것으로, 독일 종자연맹 사의 제품이었다. 실험 결과 곡물들의 발아 가능성이 엄청나게 향상되었고, 일부 씨앗의 발아율은 100퍼센트에 이르기도 했다.

이렇게 전기장 처리를 한 씨앗 중 일부는 처리하지 않은 씨앗에 비해 서너 배나 더 빨리 성장했다. 수확량도 400퍼센트까지 증가되었다.

게다가 이들 씨앗은 비료도 거의 필요하지 않았다. 대조군 식물들에 비하면 사용한 비료의 양은 5퍼센트에 불과했다.

옥수수 실험의 경우에서도 치바 그룹의 연구 결과는 다시 한 번 입증되었다.

"예상치 않은 다화과(多花果: 하나의 열매처럼 보이지만 여러 개의 꽃에서 생겨난 열매가 밀집되어 있는 형태의 과일. 파인애플, 옥수수, 무화과 등이 여기에 속함―옮긴이)가 형성되었는데, 후속 연구를 해보니 식물학자들도 아직 분류하지 못한 것이더군요. 그러니까 생물학적으로 기존의 종, 속, 과 등에

독일의 생물학자 악셀 셴. 그는 2001년 치바 그룹의 실험을 재현하는 데 성공했다.

배속되지 않는 것이죠. 논문에는 이 사실을 쓰지 못했지만 나중에 밝혀진 것에 따르면, 이미 멸종되어 오랫동안 존재하지 않은 옥수수 형태였습니다. 2~3만 년 전에 남미 지역에서 자생하던 종이었죠.”

하지만 악셀 셴은 실험의 한계를 인정했다.

“비교 대상이라고는 옛 그림과 고생물학자들이 찾아낸 흔적 뿐인데, 비교해보면 열매의 모양은 같지만 잎은 똑같은 모양을 찾을 수 없었습니다. 이는 과학자에게 당연히 충분한 증거가 될 수 없지요. 그렇다고 옛 것을 오늘날의 것과 비교하기 위해 시간 여행을 할 수도 없는 노릇이고요. 결국 실험 내용을 고전적 방식으로도 입증할 수가 없었습니다.”

악셀 셴은 전기장 실험의 설계와 준비 과정에서 예방 조치를 철저히 함으로써 학계의 반대와 비판에 대비했다. 예를 들면 일부러 학계에서 규정하는 것보다 더 엄격한 통계적 척도를 사용했고 국제 종자 규정을 깐깐하다고 할 만큼 정확히 준수했다. 실험이 어떤 결과를 불러올지 예감하고 있었기 때문이다.

“사실 모든 것은 학교 다닐 때 관찰한 현상에서 비롯되었습니다. 당시 저는 자연 속에서 많은 시간을 보내곤 했어요. 그런데 고압선 아래의 식물들은 인근의 다른 식물보다 훨씬 무성하다는 사실이 눈에 띄었습니다. 다시 말해 성장률이 대단했죠. 식물들이 고압선 근처에서 자랄수록 키가 더 컸습니다. 거기서 최초의 결론을 끌어낸 것이죠.”

셴은 연구에 착수했고 그 과정에서 치바 그룹의 특허 문건과 마주치게 되었다. 처음에는 자신도 그 문서에 적힌 설명을 불신했다고 그는 털어놓았다.

"저만의 아이디어를 얻기 위해서는 직접 현장에서 연구하는 수밖에 없었습니다."

그의 지도교수인 마인츠대학의 군터 로테는 특허 문건을 검토한 후 전폭적인 지원을 약속했다. 그렇게 하여 셴은 결국 수많은 동료 학자들이 오늘날까지 일부러 외면했던 것을 세계 최초로, 과학적이고 공식적으로 검증해냈다.

셴은 이 연구를 위해 친한 동료 공학도 두 명과 함께 고전압 상자를 고안했다.

"치바 그룹의 연구진은 고정된 정전기장으로 작업을 했지만, 제 경우 장의 세기를 바꿔가면서 실험을 하고자 했습니다. 우리가 제작한 장치는 전기장의 위치를 지정할 수 있어서 멀리에서도 전기장에 변화를 줄 수 있었습니다. 그래서 재배지 내에 있는 식물들에게 영향을 주는 것이 가능했지요. 이 상자 위에는 조명 장치가 있어서 빛의 비율도 통제할 수 있었습니다."

가을이 되자 셴은 주로 연구소 실내에 있는 식물 재배실에서 작업을 했다. 봄과 초여름에는 야외에서도 부분적인 실험을 했다. 식물 약 1000개체와, 유사한 종류의 야외 식물들은 통계적으로 유의미한 결과를 보장하기에 충분했다.

논문은 예상한 대로 논란을 일으켰으며 실험 과정도 순탄하지만은 않았다.

"식물학자들은 이미 비판적 눈길을 보내고 있었습니다. 제가 한 실험 결과, 육안으로 봐도 확실한 변화를 보인 식물들이 심상치 않아 보였겠죠."

그러나 학위 논문은 결국 통과되었다. 평점은 아주 우수한 1.2(독일의 대학에서는 1.0점이 만점이고 성적이 나쁠수록 점수가 더 커진다. 특별히 우수한 경우 0점대의 점수가 나오기도 하며 5점 이하는 낙제다—옮긴이)였다. 일부 감점이 된 것은 형식상의 몇 가지 결함 때문이었다. 논문 분량이 300쪽이나 되어 석사 논문 치고는 너무 방대하다는 것도 한 가지 이유였다. 논문에는 실험에 이용한 모든 식물의 사진이 실려 있으며 현재 구텐베르크대학교에 그대로 보관되어 있다.

악셀 셴이 제시한 방대한 자료는 상당히 인상적이나. 생물학자들은 여기에 별다른 관심을 표명하지 않았지만 이 젊은 과학자는 특히 자신이 실험 대상으로 삼았던 가문비나무나 전나무, 벚나무 등의 나무 종자에 주목할 필요가 있다고 생각한다.

"결국 실용 작물이 진짜 문제입니다. 사과나무나 배나무를 예로 들면, 씨앗 상태에서 기르는 것이 아니라 휘묻이(식물의 가지를 휘어 그 한 끝을 땅속에 묻어서 뿌리를 내리게 하는 인공 번식법—옮긴이) 방법으로 번식시키는 것이 일반적입니다. 그러니까, 나무가 여러 그루 서 있을 때 보통은 전부 같은 어미나무에서 유래한 것들이라는 말이죠. 그래서 해충이 한번 나타나기라도 하면 모두 똑같은 문제를 겪게 됩니다. 그런 문제 때문에 전체 사과나무 씨앗 중 싹이 트는 것은 3퍼센트에 불과합니다. 여타 과실나무의 경우는 그보다도 못하죠. 전기장이 이 분야에서 어떤 효용이 있을 것인지에 대해서는 오래 생각할 필요도 없습니다."

연구 지원금을 확보하러 뛰어다니는 것이 힘들기는 하지만 그의 연구 의욕은 꺾이지 않았다. 그는 언젠가 치바 그룹의 송어 연구까지 재현할 수 있을 것이라 기대한다. 셴은 왜 전기장 처리를 거친 식물들이 일반적인 식물보다 더 빨리, 또 더 잘 발아하는지에 대해서도 생각해보았다. 아직 해결해야 할 부분들이 많은 상태이지만, 일단 개별 세포의 유전자 전사(轉寫) 비율이 결정적 역할을 할 것이라고 그는 확신한다.

"전기장 처리를 한 식물 세포는 보통에 비해 두 배나 컸으며 훨씬 높은 DNA 전사율을 보였습니다. '전사'란 DNA의 특정 염기서열을 mRNA(핵 안에 있는 DNA의 유전 정보를 세포질 안의 리보솜에 전달하는 RNA-옮긴이)로 베낀다는 의미입니다. 이 비율 역시 훨씬 더 높았던 것이죠. 그래서 전기장 처리를 한 식물 세포는 성장도 더 빠르다는 결론을 내릴 수 있습니다."

하지만 정확한 이유는 셴도 알지 못한다. 그는 구이도 에프너와 하인츠 쉬르히가 내렸던 것과 비슷한 결론에 이르렀다. 어떤 원리로 인해, 전기장이 세포로 하여금 더 이상 사용되지 않던(이 경우 하이브리드 종자에서 재배를 통해 없애버렸던) 정보를 읽어내도록 하였으리라는 것이다.

그는 이렇게 말한다.

"모든 DNA 하나하나에는 수만 년 된 태고의 정보가 저장되어 있습니다. 전기장은 식물 종자로 하여금 다시 그 시절에 존재하는 것처럼 느끼게 하는 듯합니다. 그래서 당시에 사용되던 정보가 호출되는 것이지요. 실제로 인간에게서도 이런 현상이 종종 나타납니다. 원숭이 꼬리나 갈퀴발톱 등, 동물의 특징을 가진 채 태어나는 아기들이 있지요."

그의 긍정적 연구 결과가 산업계에서는 전혀 달갑지 않은 일이라는 것을 그도 잘 알고 있다. 수조 원이 투입되는 종자 및 비료, 살충제 분야가 큰 타격을 입을 수 있기 때문이다.

치바 효과를 지지하는 두 가지 이론

악셀 셴처럼 기발한 사고로 소위 '치바 효과'를 두고 고군분투하는 또 다른 사람으로는 영국의 생화학자 루퍼트 셸드레이크가 있다. 《창조적 우주》와 《자연의 기억력》이라는 저서에서 그는 이른바 '형태발생장(形態發生場)'을 소개한다. 이것은 지금까지 발견되지 않은, 유기체의 형태 형성 및 여타 과정에 영향을 주는 구조이다.

셸드레이크에 따르면, 자연은 그렇게 질서정연한 장에 오래전부터 정보를 저장해왔다고 한다. 이를 통해 각각의 생물종은 '집단적 기억'을 간직하며 필요할 때마다 그것을 불러낸다.

"어떻게 식물들이 단순한 배아에서 각 종의 특징적인 형태로 발달할까?"

셸드레이크는 어린 시절부터 이것이 궁금했다.

"버들잎, 장미와 야자수 잎은 왜 그런 형태를 지니는 것일까? 모든 꽃들은 어떻게 그렇게 다양한 방식으로 발달하는 것일까? 이 모든 궁금증은 생물학자들이 형태 발생이라고 부르는 것과 관계가 있다. 이는 생물학에서 아직까지 해결하지 못한 중요한 문제 중 하나이다.”

쉽게 말하자면 '모든 형태 발생은 유전적으로 프로그램화되어 있다.'라고 할 수 있다. 각각의 종은 그저 유전자의 지시를 따르기만 하면 된다는 것이다. 그러나 조금만 깊이 생각해보면 이 대답만으로는 충분치 않음을 알 수 있다.

생화학자들은 신체의 모든 세포가 동일한 유전자를 갖고 있다고 이야기한다. 예를 들면 우리의 몸에는 동일한 유전 프로그램이 눈 세포에도, 간세포에도, 그리고 팔이나 다리 세포에도 내포돼 있다. 그런데 왜 저마다 다른 신체 부위로 발달하는 것일까?

특정 유전자는 단백질 내의 아미노산 서열을 코드화하고 또 다른 유전자는 단백질 제조를 통제하는 데 기여한다. 그럼으로써 유전자는 유기체로 하여금 특정 화학물질을 생성하게 한다. 그러나 그것만으로 그런 형태를 설명할 수 없다. 우리의 팔과 다리는 화학적으로 보면 동일하지만 형태는 서로 다르다. 유전자, 그리고 그 유전자가 코드화한 단백질을 넘어서는 그 무엇이 있어야만 형태의 차이를 설명할 수 있을 것이다.

루퍼트 셸드레이크는 형태 발생에 대해 세 가지 주요 전제를 설정했다.

1. 형태발생장은 지금까지 학계에서 승인되지 않은, 일종의 새로운 장이다.

2. 이 장은 형태를 띠고 있으며 유기체처럼 발전한다. 또한 나름의 역사와

내재적 기억을 지닌다. 이 기억은 '형태 공명'이라는 과정에 기초한다.

3. 이 장은 보다 큰 장, 즉 형태장 그룹의 일원이다.

셸드레이크의 형태발생장이 구이도 에프너와 하인츠 쉬르히의 전기장 실험을 설명하는 원리가 될 수 있을까? 전기장 내의 유기체는 집단적 기억을 어떤 식으로든 되살려 자신의 원형을 기억해내는 것일까? 셸드레이크의 전제를 따르면 이 과정을 아무 문제없이 상상할 수 있다. 어쨌든 이는 전기장 효과 이론을 뒷받침하는 가장 인상적인 지표일 것이다.

또 다른 학계의 이단자로 프리츠알버트 포프 교수를 들 수 있다. 독일의 물리학자 포프는 '생체광자'를 탐구하여 많은 동료에게서 오랫동안 비웃음과 비난을 샀다. 그의 발견은 최근 들어서야 비로소 주목을 받기 시작했다. 포프가 진행한 연구의 핵심은, 모든 유기체 내각각의 세포가 극히 작은 광양자(빛을 구성하는 입자, 광자라고도 함-옮긴이)를 쉼 없이 발산한다는 것이다. 이런 빛(가시광선의 모든 영역에서 나오는 일관된 광선)의 성질은 각 세포의 존재와 관련된다.

악셀 셴은 여기에서 장기적 연구 과제의 새로운 단서를 찾았다. 이것은 한때 구이도 에프너도 마찬가지였다. 박사는 1988년 한 공개 강연에서 포프 교수의 광양자 이론과 관련하여 이렇게 언급한 바 있다.

"이런 식으로 세포에서 세포로, 또는 세포 외부로 정보가 전달된다는 가설은 분명 일리가 있습니다."

유전자를 구조화하는 '무언가'에 주목하다

익셀 셴의 학문적
후견인인 마인츠대학교의 군터 로테 교수는 식물학 분야의 베테랑으
로서 제자의 연구 결과를 어떻게 설명할까? 솔직히 자신 역시 그 과
정을 설명하는 데 적잖이 어둠을 헤매고 있다고 그는 인정했다.

"확실한 답변은 현재 불가능합니다. 그러기에는 아직 연구 결과가
너무 빈약합니다."

그러나 다른 측면에서 몇몇 연구 성과는 갈수록 분명해지고 있다.

"말하자면 DNA는 그저 핵산을 구성하는 단위인 뉴클레오티드 수
십억 개로 이루어진 실 한 가닥이 아니며, 특별히 주목할 만한 전자
기 특성을 소유하고 있습니다. 전기 도체로서의 특성을 가져서, 전자
기파를 가공하고 저장하는 것도 가능하리라 생각합니다. 정전기장은
당연히 그런 시스템에 영향을 미칩니다. 그것이 정확히 어떻게 진행
되는지는 모릅니다. 현재 우리는 유전자 수준에서 생각할 뿐, DNA
전체의 복잡한 양상을 관찰할 수는 없기 때문입니다."

전자기 특성 및 유전자 통제에 관한 얼마 안 되는 단서를 통해, 로
테는 DNA를 기계적 진동 체계로만이 아니라 전자기적 진동 체계로
간주해야 한다고 추측했다.

"제가 보기에 에프너 박사와 하인츠의 연구 결과는, 유기체가 보이
는 특징이 진동 체계에서 생성된다는 점을 아주 분명히 지적하고 있
습니다. 저는 이것이 오늘날 우리가 파악하고 있는 유전자, 그러니까

단백질을 생성하는 순수 DNA-매트릭스로서의 유전자와 그것을 포괄하는 특징 간의 차이라고 봅니다."

로테는 특히 전기장 처리를 한 옥수수 실험을 강조했다.

"옥수수를 전기장에 노출시켰을 때, 꽃이 필 만한 때가 전혀 아닌 시점에 부분적으로 혼합된 화서(花序: 꽃대에 달린 꽃의 배열 상태-옮긴이)가 형성되었습니다."

암 화서 또는 수 화서는 다수 유전자의 통제를 받는 것으로, 여기에서 유기체 형성에 관한 네 가지 추론을 도출할 수 있다.

1. 이미 오래전에 알려졌다시피, 개체의 특징은 다수 유전자에 의해 야기된다.
2. 이 유전자는 시공간 안에서 함께 작용한다. 이때 조정자가 필요하다. 누가 유전자를 시간의 흐름 속에서 통제하는가?
3. 문제는 고전적 의미에서의 유전자, 즉 단백질용 매트릭스이다.
4. 비고전적 의미에서의 유전자도 관여한다. 즉, 구조화 작용을 하고 DNA를 통해 조정되는 '무언가'가 있는 것이다. 이 무언가는 DNA와 상호작용을 하는 전기장이라고 볼 수밖에 없다. 시간 속에서 역동적으로 상호작용이 이루어지며 단백질이 생성된다.

이는 전문가들에게도 복잡한 문제다. 뉴클레오티드를 단백질로 일대일 해석하는 것까지는 무리가 없지만, 두 번째 부분, 즉 진동 및 양자(量子)라는 측면에서는 문제가 아주 복잡해진다.

로테의 이러한 독창적 사고는 다른 동료들에게 반감을 불러일으킬 수도 있다. 하지만 그는 회의론자들에 대해서는 생각하지 않을 것이라고 말한다.

"1950년대는 어땠습니까? 프라이부르크대학교의 헤르만 슈타우딩거 교수는 거대 분자가 있다고 주장했습니다. 많은 사람들이 이 주장을 성토했지요. 그런데 오늘날에는 고분자 화합물에 대해서 거론하지 않는 사람이 없습니다."

수수께끼 풀이에 나선
프라이부르크 대학의 교수

생물공학 분야의 전문가 에드가 바그너는 현재 동료 한 명과 함께 구이도 에프너와 하인츠 쉬르히의 실험이 과학적으로 인정받도록 하기 위해 노력하고 있다.

이 은퇴한 노교수는 학계의 관심에서 빗겨난 가운데 '정전기장의 영향 아래에서의 식물의 발달 통제 분석'이라는 2년짜리 프로젝트에 착수했다. 스위스의 스폰서에게서 자금도 일부 지원받을 수 있었다.

바그너가 이 연구에 뛰어든 것은 우연이 아니다. 하인츠 쉬르히가 1990년대에 교수가 있는 프라이부르크로 찾아와 치바 그룹의 실험을 설명한 이후, 그는 이 주제를 떨쳐버릴 수가 없었다.

"이렇게 흥미로운 결과는 반드시 후속 연구가 뒤따라야 한다고 생각했습니다. 우리가 이곳 대학에서 제작한 '전기현상도(電氣現象圖)'를 보면, 식물이 그 발달 단계를 전기 모형에 정밀하게 반영한다는 것을 알 수 있습니다."

바그너는 수십 년의 연구 끝에 식물을 복잡한 전기화학적, 유체역학적 체계로 이해하고 있다.

"식물 운동의 유체역학은 전기 신호 및 전기적 활동과 자연스럽게 짝을 이룹니다. 식물이 자신의 유체역학을 바꾸는 순간, 그러니까 세포 하나가 위축되거나 죽는 순간 그 외부 껍질의 전도성도 변화합니다. 미세한 표면 전극을 이용해 우리는 식물의 이러한 전기 신호를 측정할 수 있지요. 인간의 심전도 장치 같은 것이라고 보면 됩니다. 그러한 전기현상도가 식물들의 각 상태를 규정하는 것입니다."

교수는 전기장 식물늘의 경우 이러한 '전기화학석, 유체닉학석 배경'이 방해받았을 수 있다고 추측한다.

"질문을 구체화하면, 성장 통제가 일어나는 곳인 뿌리와 싹에서 전기장의 영향 아래 무슨 일이 일어나는가 하는 것입니다. 우리는 그곳에서 전기화학적 특성이 변화하여 극성(極性) 구조에 변화가 일어난다고 봅니다."

이런 가설을 검증하기 위해 연구팀은 동일한 성장 단계에 있는 민감한 식물성 유기체를 정전기장에 노출시키기로 했다. 실험실과 온실 및 야외에서 실험을 진행하기로 계획했으며, 모델 식물로는 붉은 명아주를 선택했다. 바그너 교수의 실험 결과 역시 조만간 생물학계의 보수적인 대표 학자들로 하여금 머리를 싸매게 할 것으로 보인다.

흔들리는 '유전자의 법칙'

이들의 연구와 관련히여 자연이 놀라운 경이를 품고 있다는 사실이 얼마 전 입증되었다. 2005년 미국 인디아나 주 라파예트에 있는 퍼듀대학교 연구원들은, 식물들이 옛 유전자질을 실제로 이용할 수 있음이 분명하다는 내용을 전문 학술지에 발표했다. 유전적으로 이미 수세대 전부터 상실한 것으로 여겨진 자질까지 되살릴 수 있다고 이들은 주장했다.

이에 따라 애기장대(십자화과의 두해살이풀로 식물 연구의 모델로서 주로 사용된다–옮긴이)의 후손은 무에서 유를 창조하기라도 하듯, 옛 정보를 불러내어 자신의 DNA에 장착하고 유전적 손상을 수리하는 데 성공했다. 즉, 부모 세대에서는 서로 뒤엉켜 달라붙어 비정상적인 형태로 자라던 꽃이 다음 세대에서는 다시 분리된 것이다. 이 식물은 알 수 없는 '분자의 기억'을 이용한 것이 분명해 보였다. 그렇게 호출된 옛 유전자질은 최소 네 세대 이후부터는 다시 사라졌다. 그리고 현재의 학술적 견해에 따르면 회복 불가능하게 상실되었다.

로버트 프루이트와 수전 롤리는 이 일련의 실험을 통해 "학자들이 100년 넘도록 간과해왔던 또 다른 유전 메커니즘이 존재함이 틀림없다."라고 추론한다.

잘못된 유전자 서열을 수리하기 위해 백업해둔 유전자가 어떤 특성을 지니고 있는지는 아직까지 전혀 밝혀지지 않았다. 이 메커니즘이 동물과 인간에게서도 나타날 수 있는가 하는 문제도 마찬가지다.

어쨌든 오늘날까지 불변의 법칙으로 인정받아온 멘델의 유전학과 우열의 법칙, 즉 양쪽 부모의 유전적 결함은 모든 후손에게 필연적으로 전해진다는 법칙에 의문이 제기되고 있다.

유전적으로 변화된 식물의 발달이나 유전 질환의 처치와 관련해서도 아직 분명한 결론을 내릴 수는 없다. 하지만 어떤 경우든 "유전은 본질적으로 우리가 상상했던 것보다 훨씬 더 유연하다."라는 것이 로버트 프루이트의 주장이다.

구이도 에프너와 하인츠 쉬르히는 이미 1990년대에 이렇게 추론했다.

"우리는 이런 가설을 세워봅니다. 진화 과정에서 휴지 상태에 있던 정보가 현재는 유전자에 기억 상태로 남아 있으며 필요시 다시 사용된다고요. 이런 주장은, 증명되기만 한다면 종의 발전과 관련하여 오늘날 통용되는 관념을 엄청난 규모로 확대하게 될 것입니다."

미래적 의 흔적 아 을 찾 서

"측정 기구는 인간의 감각 기능을 확장해주는 장치이지만,
우리가 예로부터 물려받은 사고(思考)의 세계와 상관없는
새로운 것을 포착하게 해주는 것은 결코 아니다."

:: 다니엘 에프너

회색지대에서
실험을
감행하다

환상의 실험실 커플

"거기에 있는 호염성 박테리아 몇 개는 배양할 수 있을지도 몰라요."

다니엘 에프너는 붉은색이 감도는 액체가 든 유리관 하나를 내게 슬쩍 내밀고는 계속해서 상자 안을 뒤졌다. 그 안에는 2001년에 작고한 그의 아버지가 남긴 수많은 기구와 쪽지들이 들어 있었다. 소금 결정이 든 배양 접시, 비디오테이프, 원고도 눈에 띄었고 책상에서 조금 떨어진 곳에는 전기장 송어 여러 마리가 박제되어 있었다.

"두 분이 몇 달 간격으로 연이어 돌아가시다니 참 기이한 일이죠."

다니엘은 기구들을 뒤지며 생각에 잠겼다. 그 역시 2000년 말까지 치바-노바르티스 그룹에서 근무했다.

"한때는 저도 그분들의 실험실을 종종 둘러봤고, 의견도 열심히 교환했어요. 물론 전기장 실험이 가장 먼저였죠."

그는 잠시 멈추었다가 웃으면서 말을 이었다.

"아버지는 집게손가락을 흔들면서 특유의 독백을 늘어놓으셨고, 하인츠 아저씨는 준비한 실험 용기를 폭풍 몰아치듯 쏟아놓으며 열렬히 실험을 하셨어요. 그야말로 고전적인 그림이지요. 아버지는 이론가였고 하인츠 아저씨는 실험가였으니까요. 마차를 끄는 환상적인 한 쌍의 말이었던 셈이죠."

다니엘 에프너는 책상 위로 사진 여러 장을 건넸다. 소속을 규정할 수 없는, 문제의 골고사리 사진이었다. 그 외에 전기장 처리를 한 어린 사과나무 등 다른 실험용 식물을 찍은 사진들도 있었다.

"이 사과나무는 아직도 우리 집 정원에 있어요. 재미있는 건, 이 나무는 여름에 벌레가 끼지 않는 유일한 식물이라는 겁니다. 그 대신 풍뎅이는 엄청나지요."

이어서 그는 전기장 처리를 거친 마른 밀 이삭이 서 있는 화분 하나를 가리켰다. 다니엘 에프너는 이 밀을 1997년 자기 집 정원에 심었다. 아버지의 연구 결과물이 재번식하는지 검사하기 위해서였다.

"여기를 보세요. 기껏해야 2~3년생 식물이었는데 정전기장 처리를 거치고 나서는 덤불로 자라났잖아요."

전기장 처리를 한 밀은 보통의 밀보다 이삭이 달리는 줄기가 전체적으로 더 많이 솟아났으며, 씨앗 하나당 더 많은 양의 이삭이 생성되었다.

"저 밀은 뿌리에 일종의 결절을 지니고 있어요. 그건 여러해살이가 가능할 수도 있음을 의미합니다. 그러니까, 농사짓는 보통 밀과는 달리 그 다음해에도 다시 자랄 수 있다는 것인데, 이건 정말 놀라운 일이죠."

이렇게 말하며 그는 내 손에 사진 한 묶음을 쥐어주었다. 사진에는 앞에서 언급한 실험 식물의 성장 과정이 단계별로 기록되어 있었다.

삶 도 철 학 도 부 전 자 전

다니엘 에프너는 치바 그룹의 조직학 및 독성학 분과 연구원으로서 연구 활동을 시작했다. 이후 대학교에서 생물학과 화학 및 철학을 공부하기도 했다. 그 역시 아버지처럼 치바 그룹에 여러 해 동안 충성을 바쳤다.

다니엘 에프너는 당시 치바 그룹의 보건환경부서에서 화학물질이 인간의 DNA에 미치는 유해성을 연구하다가 의약품안전부서로 자리를 옮겼다. 마지막에는 전산 부서로 이동했는데, 거기에서 국제 데이터뱅크 업무의 책임을 맡았다. 1996년에 치바와 산도츠 그룹의 합병이 이루어진 후 그는 두 그룹의 의약품안전부문 통합 업무를 그룹 전산구조 및 데이터뱅크 업무와 함께 맡아 진행했다.

2000년 말 에프너는 이 분야에서 독립했다. 그리고 2005년에는 품질 확인 및 시스템 유효성 분야의 약물 자문 기업으로 옮겼다. 한마디로 그는 직업적으로 늘 움직임을 멈추지 않았다. 여기에 대해 그는 손사래를 치며 대답했다.

필자와 대담을 나누는 다니엘 에프너. 그는 아버지의 실험
을 성공적으로 이어갔다.

"경영자로서 이력을 쌓는 것은 중요하지 않았습니다. 언제나 뭔가
새로운 것과 씨름하려 했을 뿐이에요."

다니엘 에프너가 아버지에게서 물려받은 것은 호기심과 열정만이
아니었다. 사람들과 지식을 나누는 것을 즐기는 성향까지도 그는 아
버지를 닮았다. 그는 아버지의 사상을 계속 숙고했으며, 자신의 사고
에 대한 철학적 성찰 또한 계속 이어갔다. 이는 일부 '제도권 과학자들'
에게는 유감스럽게도 결여되어 있는 덕성이다. 그들은 기존의 지식
에 의문을 던지거나 좀 더 새롭고 큰 맥락에 결부시키려는 시도를 하

기보다는 반복적으로 되풀이하는 것에 안주한다. 또한 이미 얻은 결과는 덮어놓고 신뢰한다. 그 때문에 때때로 놀라운 발견을 놓치기도 한다.

다니엘 에프너는 이렇게 지적했다.

"측정 기구는 인간의 감각 기능을 확장해주는 장치이지만, 우리가 예로부터 물려받은 사고(思考)의 세계와 상관없는 새로운 것을 포착하게 해주는 것은 결코 아닙니다. 따라서 고찰 방향을 꾸준히 연마할 필요가 있습니다."

우리가 개발하여 사용하는 장치와 측정 기구들로 인해 한편으로 우리는 점점 더 '자신과 동떨어진 방향'으로 나아가게 된다고 그는 이야기한다.

"우리는 느끼고 반응합니다. 우리는 우리가 느끼는 것을 일단 자신과 분리된 것으로, 바깥에 존재하는 것으로 파악합니다. 그리고 인생행로에서 자신의 감각, 더불어 우리 자신과 부대끼게 됩니다. 자기 내부를 바라보면서 자신에 대해 거리감을 만드는 셈이죠."

이러한 적절한 거리감은 추상적인 대상을 파악하고 해석하도록 돕는다. 예를 들면 말을 통해 대상을 언어화할 수 있게 된다.

"타인, 우선은 나이가 더 많은 사람을 모사하고 모방함으로써 우리는 주변 세계와 결속성이나 분리감을 형성하고 이를 목록화하여 분류합니다. 이런 부대낌 속에서 자신을 이해하게 되는 것이죠. 그리고 목록화된 수많은 개념을 처리하기 위해 의심의 여지가 없는 절대적 사고 구조를 개발합니다. 그렇게 해서 제도화된 사고, 전통적 사고가 생성됩니다. 그러나 이러한 사고는 자유롭지 못합니다. 그 속의 고찰 방식은 미리 설정된 것이어서 자유로운 분위기에서 비약적으로 자유롭게 발전하기가 힘듭니다."

다니엘 에프너는 아버지와 마찬가지로 특히 생체물리학적 문제에 매료되었다. 유기체는 부모 세대와는 달라진 환경 속에서 생존 능력을 그대로 유지하기 위해 어떤 변화를 선택하는가? 유기체는 어느 정도까지의 환경 변화에 적응할 수 있을까? 환경 변화는 유기체에게 어떤 가능성을 열어주는가? 이런 고찰 방식을 고수하더라도 다윈의 진화론은 유효할까? 아니면 모순이 드러날 것인가? 또한 그 결과는 기존의 유전학과 조화를 이룰 수 있을까? 아니면 새로운 이론 모델이 세워질까?

"이 모든 이야기에서 문제가 되는 것은 결국 현상으로서의 기억입니다. 그러니까 사람은 자체적으로 역사성을 지니고 있다는 뜻입니다. 아주 짜릿한 일이죠. 역사라는 현상이 인간을 구성하는 요소가 되는 것이고, 동시에 우리 자신의 질료는 역사를 지탱하는 요소가 되겠지요."

물 고 기 양 식 상 자 프 로 젝 트

우리는 커피를 마시며 대화를 계속했다. 과학에 대해서, 과학계에 존재하는 회색지대에 대해서. 물론 에프너 박사와 하인츠 쉬르히에 대한 이야기도 빠뜨리지 않았다.

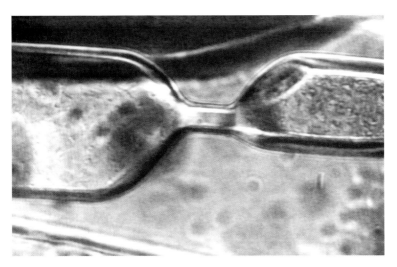

현미경으로 촬영한 소금 결정. 공동(空洞)간의 통로가 분명히 보인다. 이 통로는 공동 속에 갇힌 호염성 박테리아들이 전기장의 영향을 받아 만든 것이다.

전기장 처리를 한 옥수수. 많아야 세 자루까지 달리는 것이 보통인 데 비해 이 옥수수에서는 여섯 자루까지 자랐났다.

연구원들은 옥수숫대 하나에 열두 자루까지 달린 경우가 있었다고 보고했다.

들판에서 흔히 볼 수 있는 기존의 관중. 이 관중의 포자를 전기장에 노출시켰더니 골고사리의 특성을 지닌 일종의 '원(原)양치류'가 자라났다.

원양치류의 모습. 생물학자들은 이 식물을 기존의 어떤 골고사리 유형에도 분류해 넣을 수가 없었다. 이것을 화석에 남아 있는 옛날 양치류의 잎 모양과 비교해보면 놀라울 정도로 일치한다.

화석화된 선사 시대의 양치류와 원양치류. 당시 텔레비전을 통해 일반에 공개된 모습 그대로다.

전기장 처리를 거친 골고사리의 후세대는 독특한 퇴화 현상을 보여주었으며 관중의 특질과 골고사리의 특질이 교묘하게 뒤섞여 나타났다.

물고기 실험에는 보통의 무지개송어 알이 사용되었다. 이 사진은 전기장 처리를 하지 않은 대조군 샘플 중 하나이다.

전기장 처리를 한 알은 훨씬 더 큰 야생형 송어로 발달했다. 갈고리 모양의 턱과 뚜렷한 반점, 눈에 띄게 붉은 아가미 등이 그 특징이다.

전기장 처리를 거친 수컷 무지개송어. 야생형의 전형적인 특징을 보이며 상당히 거칠고 사람을 경계한다.

전기장 처리를 한 암컷 무지개송어. 수컷과 마찬가지로 아가미 색이 유난히 붉다. 이런 종류의 송어는 유럽에서는 이미 멸종된 것으로 알려져 있다.

전기장 처리를 거친 밀. 비료도 주지 않은 상태에서 씨앗 두 개가 이렇게 덤불로 자라났다.

전기장 처리를 거친 씨앗 하나하나에서 돋아난 밀 덤불. 주변에 핀 양귀비꽃이 이채롭다. 이 꽃은 밀이 없었다면 이곳에서 자라지 않았을 것이다.

"두 분은 관찰을 하셨지요. 자연에서 여러 현상을 찾으려 하셨고, 결국 발견하셨습니다. 현상이란 보여줄 수 있는 것입니다. 하지만 그것만으로는 작용 과정을 설명할 수가 없습니다. 그래서 더 많은 프로젝트와 과학적 연구가 계속되어야 하는 것입니다. 단서는 산더미처럼 많습니다. 재원이 많이 부족한 것이 문제죠."

그는 이미 몇 가지 작업에 착수한 터였다.

"1990년대 후반, 아버지가 약리조사연구소에서 별다른 진척 없이 답보 상태에 있을 때, 쉬르히 아저씨와 저는 한 프로젝트를 세부적인 내용까지 계획했습니다. 송어 실험에 근거하여 사람들이 쉽게 다룰 수 있는 물고기 양식용 전기장 상자를 개발했죠. 이를 대량으로 제작하여 상업적으로 판매할 생각이었습니다."

이 장치를 식용 물고기 양식 공정에 이용하면 생산 비용을 절감할 수 있을 것으로 보였다. 두 사람은 사업계획서까지 갖추어 수많은 업체와 기업의 문을 두드렸다. 대부분의 업체는 투자자로 나서기를 거절했지만 유일하게 뫼벤픽 그룹이 긍정적인 반응을 보였다. 뫼벤픽은 스위스에 뿌리를 둔 다국적 기업으로 송어 살로 만든 제품을 생산하고 있었다. 회사 관계자는 이 새로운 양식 방법에 큰 관심을 보였으나 결국 자금 문제로 프로젝트는 무산되고 말았다. 하지만 다니엘 에프너는 실험을 포기하지 않았다.

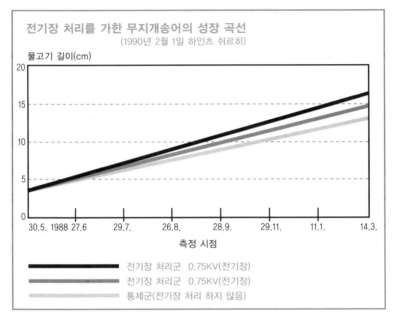

전기장 실험 과정에서 측정한 무지개송어의 성장 수치

꽃 피 우 지   못 한   실 험 들

        1993년에서 2000년까지 그는 개인적으로 설립한 생체물리 응용연구소에서 연구를 계속했다. 그중 일부는 하인츠 쉬르히와 공동 연구를 하기도 했다. 두 사람이 협력하게 된 것은 우연히 떠오른 아이디어 때문이었다. 1996년 바젤 주립은행이 주최한 '바젤을 위한 아이디어'라는 공모전에서 대중용 언어 프로젝트를 제안한 것이다. 이 행사는 중세부터 전해오는 바젤의 전통이기도 하다.

"우리의 아이디어는 전기장을 활용하여 연어를 양식한 다음, 2년 후 라인 강에 방류하는 것이었습니다. 그러면 시 행사의 하나로 시민들은 연어 낚시를 하고, 그렇게 잡은 연어로 크게 잔치를 벌이는 거죠."

유감스럽게도 이 기획안은 심사위원의 주목을 받지 못했다. 그 대신 1990년대 말, 전기장을 이용한 일련의 공동 연구 프로젝트가 시작되었다. 대중용 물고기 양식 상자는 계획의 일부일 뿐이었다. 그 밖에 콩 싹과 관련된 연구도 있었다.

그때 프릭바이오농업연구소(FiBL) 측이 쉬르히에게 접촉을 해왔다. 바이오농업 부문의 세계적인 자료보존센터 책임자가 전기장 실험 종자를 일반 종자와 구분하는 공정을 개발하는 데 관심을 보였던 것이다. 핵심은, 전기장 처리를 하면 나중에 두 종류의 종자가 발아할 때 현격한 차이가 생기게 되는지, 만약 그렇다면 이를 구별할 수 있는 방법을 개발할 수 있을 것인지였다.

곧 표본 조사 성격의 테스트가 이루어졌다. 다니엘 에프너가 실험한 결과, 실제로 시작 단계에서 종래의 콩과 새로운 콩 사이에 성장의 차이가 나타났다. 전기장 처리를 거친 종자가 더 빨리 자란 것이다. 그러나 대조군과 비교되는 이런 효과는 얼마 후 다시 사라지고 말았다. 다니엘 에프너는 안타까운 듯 이렇게 덧붙였다.

"유효한 결론을 얻기에는 실험 설계가 부족했던 거죠."

하지만 비교적 큰 규모의 틀에서 조사해볼 가치가 있는 흥미로운 연구 아이디어는 그 밖에도 더 있었다.

"유감스럽게도 모든 연구에는 근본적인 문제가 있었습니다. 재정

부족으로 결정적인 결과를 얻을 만큼 집중적인 연구를 할 수 없었다는 것이죠. 그렇기 때문에 저는 이를 실험이 유망한 연구 단서가 된다고 여기는 것입니다. 그 이상도 그 이하도 아니었죠."

다니엘 에프너가 말하는 유망한 연구 단서 중에는 실제로 흥미로운 것들이 상당수 있었다. 그중 일부는 공인된 전문가들조차 머리를 싸매게 만들 만한 수준이었다. 혈액 실험은 대표적인 예이다.

전기장 안에서 강력해진 적혈구와 심장

"실험 목적으로 제 피를 뽑은 적이 한 번 있습니다. 그것을 고농도의 소금물 용액에 넣고 7일가량 전기장에 노출시켰습니다. 그러고는 적혈구에 무슨 일이 일어나는지 관찰했죠. 우리 몸에서 산소와 이산화탄소의 운반을 책임지는 적혈구에 과연 어떤 변화가 일어날지 궁금했습니다."

결과는 놀라웠다. 일반적인 생각에 따르면, 혈액이 소금물 용액 속에서 삼투압 현상을 일으켜 적혈구가 발견되지 않아야 했다. 만약 발견된다 하더라도 가장자리가 들쭉날쭉한 독말풀 모양으로만 존재할 것으로 예상되었다.

"그런데 그렇지가 않았습니다. 적혈구 수를 헤아리니, 점점 더 증가해서 처음보다 더 많은 수의 흠 없는 적혈구가 나타나는 것 같았습니다."

에프너는 조심스럽게 설명했다. 특별히 고안한 전기장 배양 매체

속에서 여러 번 실험을 거친 끝에, 실험에 쓰인 혈액은 최장 5개월까지 적혈구 세포 수를 유지한다는 것을 확인했다. 체내 적혈구의 평균수명이 100일 남짓하다는 점에서 이는 참으로 놀라운 일이었다. 더군다나 헌혈 등을 위해 체외에서 보관할 경우에는 섭씨 4도에서 최장 42일까지 유지될 수 있다.

하지만 다니엘 에프너의 실험 결과, 이 유의미한 전기장 시료에서는 5개월 후에도 크고 작은 적혈구가 조직학 및 전자광학적으로 확인되었다.

전기장 속에서 적혈구가 증식한 것일까? 아니면 수명이 늘어난 것일까?

"적혈구의 근본 기능, 예컨대 산소 및 이산화탄소의 운반 능력에 대해서는 당시 연구를 하지 않았습니다."

다니엘은 이렇게 선을 그었지만, 여기에서 다음과 같은 가설들을 세워볼 수 있다. 이런 식으로 한다면 혹시 언젠가 줄기세포, 그러니까 척수 내에 존재하는 적혈구 생성 인자를 배양할 수 있지 않을까? 만약 그렇다면 전기장 내에서 온갖 장기에 대한 실험은 어떠할 것인가?

구이도 에프너는 치바 그룹에서 연구 활동을 하는 동안 이 문제를 일찍이 제기한 바 있다. 당시 치바 그룹이 전면에 내세웠던 연구 목적은 병리학 부서에서 심근경색을 차단할 수 있는 의약품을 개발하는 것이었다. 그래서 에프너는 심장근육을 집중적으로 다루었다. 개발중이던 상품 중에는, 심박동 장애를 정상화시켜주는 손목용 밴드도 있었다. 손목시계처럼 차고 다니도록 고안된 이 심박동기는, 보통

복잡한 수술을 거쳐 심장 내에 삽입해야 하는 전형적인 인공 심박동기와는 차원이 달랐다.

에프너는 시험적으로 동물의 조직 시료를 전기장 내부에서 전기 충격에 노출시켜보았다. 그러자 이유를 설명할 수 없는 이상한 현상이 나타났다.

다니엘 에프너는 그 상황을 이렇게 설명했다.

"아버지는 구리판 두 장을 이용하여 전기장 설비를 설치했습니다. 그리고 그 사이에 아직도 뛰고 있는 싱싱한 쥐의 심장을 걸었어요. 보통은 심장이 계속 살아 있도록 영양 용액에 넣어두는데 이때는 그렇게 하지 않았습니다. 그 대신 거기에 전압을 걸었고 전기장 전위를 바꿨습니다. 결과는 아주 희망적이었습니다. 심장이 생각보다 훨씬 더 오랫동안 살아 있었던 거죠."

전기장 내에 걸려 있던 쥐의 신선한 심장은 최장 120분까지 심전도 신호를 나타냈다. 대조군과 비교해보면 그 차이는 확연한데, 전기장 설치를 하지 않은 경우 심전도 신호는 최장 14분이 지나자 멈추었다. 신호의 강도 역시 전기장 심장이 대조군보다 더 강력했다. 이는 전가장 내에서 심장의 생명력이 한층 강해졌음을 암시하는 대단한 뉴스였다.

이 사실은 현미경 관찰을 통해 다시 한 번 증명할 수 있었다. 관찰을 위해서는 전기장 처리를 거치지 않은 쥐의 심장을 적출한 다음 15분에서 30분 정도 후 아주 얇은 두께로 잘라내야 한다. 그런 후 전자현미경으로 살펴보면 세포가 자신의 구조를 스스로 파괴하는 모습이 관찰되는데, 이는 자기융해(自己融解)라는 현상으로 교과서에 적힌 아주 전형적인 증상이다.

그런데 전기장에 노출된 심장은 그렇지 않았다.

"70분이나 지나고 나서도 현미경으로 들여다본 심장은 방금 적출한 듯 보였습니다. 특수 카메라로 찍어두었으니 사진으로도 확인할 수 있어요. 전기장은 세포 구조의 융해를 억제하는 것이 분명합니다! 게다가 심장은 영양 용액에 담긴 적도 없었습니다. 전기장 실험을 하는 동안 말 그대로 허공에 매달려 있었으니까요. 그것도 실온에서 말이죠."

정말 불가사의한 일이지만 부인할 수 없는 사실이었다. 구이도 에프너는 이미 1990년대 초에 이 실험에 관해 이렇게 이야기했다.

"정말 미칠 노릇이지요. 심장이 죽으면 세포 내의 발전소라 할 미토콘드리아가 가장 먼저 사멸한다는 것은 과학자라면 다 알고 있는 사실입니다. 그런데 이 실험에서는 미토콘드리아 구조가 한 시간이 지난 뒤에도 완전무결한 상태였어요."

훗날 다니엘은 아버지의 이 실험에서 간단하고도 획기적인 아이디어를 끌어냈다. 바로 장기 수송용 특수 상자를 만드는 것이었다. 적출한 장기를 이송할 때 전기장을 이용하면 장기의 생명을 훨씬 더 연장할 수 있을 터였다.

"이 역시 앞으로 계속 추진해볼 만한 연구입니다. 이식을 위해서는 보존 처리된 기증자의 심장이 적어도 네 시간 이내에 수여자가 있는 병원에 도착해야 합니다. 그래야 수술 전에 심장이 죽는 일이 발생하지 않으니까요."

다니엘은 실험을 통해서, 기존의 장비에 전기장을 설치했을 때 장기 세포의 체외 생존 시간이 여덟 배까지 늘어난다는 사실을 확인했다.

"이 장치를 이용하면 장기가 24시간까지 살아 있을 수 있으며 환자의 생존 가능성도 크게 향상될 것입니다."

이렇게 되면 상대적으로 저렴한 운송 수단을 선택할 수 있어, 의료 비용의 감소 효과까지 동반될 것으로 예상된다. 또한 수술을 집도하는 외과 의사들은 스트레스를 한결 덜 수 있을 것이다.

그러나 다니엘 에프너는 여기에서 멈추지 않았다. '새로운 육류 저장법'이라는, 결코 평범하지 않은 응용 가능성을 생각해낸 것이다.

"예를 들어 햇볕이 강렬하고 뜨거운 지역에 냉장고가 부족하다고 해보세요. 그곳에 태양 에너지를 이용하여 전기장이 설치된 저장 공간을 무료로 운영하는 것입니다. 그러면 육류를 실온에서보다 훨씬 더 오랫동안 저장할 수 있겠죠."

과학의 경계 지점에서 문이 열리다

예상 밖의 반응을 보이는 적혈구든 체외에서 평균보다 더 오래 생존하는 심장이든, 다니엘 에프너는 동료들이 자신의 연구를 아버지의 식물 실험보다 더 회의적인 눈길로 바라보리라는 것을 알고 있다. 아버지와 하인츠 쉬르히가 그들의 실험 결과를 내부 토론에 부쳤을 때, 치바 그룹 내에서 긴장감이 고조되었던 것을 다니엘은 이미 가까이에서 느꼈던 적이 있다.

하지만 그는 아직도 과학에 대해 기본적으로 긍정적 태도를 지니고 있다.

"자연에서 일어나는 과정들을 결국은 과학적 연구로서 이해해야 하니까요. 물론 과학이 언제나 모든 현상을 설명할 수 있는 것은 아니어서 한계는 있지만 말입니다."

"그런데 거대 제약그룹 치바는 왜 두 분의 연구를 채택하지 않았던 것인가요? 달리 질문하자면, 왜 이 이야기가 세계의 언론에 포착되어 각국으로 퍼져나가지 않은 거죠?"

내 질문에 다니엘은 이렇게 답했다.

"결과적으로 정보 채널이 적절히 소통되지 않았기 때문입니다. 물론 제약업체라면 자기 회사 이름이 긍정적인 뉴스를 통해서 온 세계에 알려지기를 원할 겁니다. 홍보부서가 하는 일도 그런 것이겠죠. 하지만 회사의 시각에서 봤을 때 아버지의 발견은, 신약 개발 등과는 달리 광고 목적으로 써먹을 정도의 경제적 가치는 없었던 것입니다."

그 외에도 당시 시점에서 연구가 관찰 수준에 머물렀다는 문제가 있었다. 즉 기초 연구 단계였기 때문에 상업적 이용 가능성은 불투명했다.

"하지만 그 연구가 과학적으로 아주 뜨거운 논란거리였기 때문에, 입증은 더더욱 필요했을 것입니다."

이제 시대가 변했다. 다니엘이 희망적으로 단언했다시피 자연과학계에도 변화가 찾아온 것이다. 특히 지난 10년 동안 비전통적 현상에 대한 개방성이 점차 커지는 것을 다니엘은 지켜보았다.

"과학의 한계에 접해 있는, 설명하기 힘든 현상들이 점차 자연과학의 테두리 안으로 편입되고 있습니다. 전에는 지극히 원론적 논의가 이루어지던 곳에서 이제는 불가사의한 요소들까지 편견 없이 연구되고 있으니까요. 아주 바람직한 일입니다. 과학의 한계를 여실하게 보여주는 현상들이란 늘 존재하게 마련이니까요. 현재 이런 현상에 대해 만족스러운 설명을 할 수는 없을지라도 최소한 받아들이기는 하는 수준에 도달했습니다."

난쟁이 완두를 쑥쑥 키우는 법

스위스 베른대학교의 '대체의학 협동과정'에서 슈테판 바움가르트너가 보여준 동종요법(원래는 의학 용어로, 어떤 질병을 그 질병의 원인 물질을 이용하여 치료하는 방법. 원인 물질을 극도로 묽게 희석시켜 치료 약물로 이용한다—옮긴이) 실험은, 다니엘이 말한 최근 과학계의 경향을 잘 보여준다.

바움가르트너를 중심으로 한 연구팀은 실험을 위해 크기가 작은 난쟁이 완두 씨앗을 24시간 동안 통제된 조건하에서 물에 불렸다. 완두 한 그룹은 보통 물에 넣었고, 다른 한 그룹은 동종요법에 따라 성장호르몬이 포함된 물에 불렸다. 그 후 이 씨앗들을 심자 놀라운 일이 일어났다.

불과 4일 만에 두 완두 그룹에서 뚜렷한 성장의 차이가 나타난 것이다. 결과적으로 동종요법을 사용한 식물이 20퍼센트 더 크게 성장했다. 이 실험은 총 6회에 걸쳐 성공적으로 치러졌다.

바움가르트너는 이 결과를 전문 학술지 〈대체의학연구 및 고전적 자연치료법〉에 10여 쪽에 걸쳐 발표했다. 이 실험은 보수적인 언론에까지 깊은 인상을 주어 2005년 〈NZZ-포맷〉이라는 텔레비전 프로그램을 통해 대중들에게 소개되기도 했다.

"이 실험의 재미있는 점은, 비료를 사용할 때처럼 모든 식물들의 성장이 일률적으로 촉진된 것이 아니라, 일종의 조정 작용이 일어났다는 것입니다. 집합 내에서 상대적으로 작은 식물은 성장이 특히 많이 촉진된 반면에 큰 것들은 오히려 성장이 억제되는, 말하자면 어느 정도 지능적인 작용이 일어난 것이죠."

그 사이 프릭바이오 농업연구소의 한 여성 수의학자도 좀개구리밥에서 이와 비슷한 현상을 관찰했다. 그녀는 현재 바움가르트너와 긴밀한 협동 연구를 하고 있으며, 혹시라도 존재할 오류를 차단하기 위해 연구를 반복하고 있다.

수맥 탐지봉을 든 과학자

한때 구이도 에프너는 과학의 경계에 놓인 주제들을 그렇게 손쉽게 내칠 수 없음을 인정해야만 했다. 전기장 실험을 하기도 전의 일이었다. 당시는 그런 현상을 비공식적으로만 다룰 수 있던 시절이었다.

1977년 치바 그룹 연구소장 파울 뤼너와 함께 에프너는 '생물물리 경계영역 연구회(GFBG)'를 설립했다. 훗날 연구회의 회장으로서 그는 이 단체를 하인츠 쉬르히에게 넘겨주게 된다. 이 연구회의 틀 안에서 뤼너와 에프너는 스위스 학계의 유명 인사들과 손잡고 수맥 탐지 분야의 기초 연구에 전념했다.

연구회의 창립 회원으로는 분자생물학 분야의 개척자로 세계적 명성을 쌓은 바젤바이오센터의 에두아르트 켈렌베르거 교수, 바젤대학교 의료물리학 분야의 전문가인 헤어베르트 뤼튀 교수, 프라이부르크대학교 아우구스트 플람머 교수 등이 있었다.

에프너가 연구에 사용할 '도구'를 손에 쥐게 된 것은 우연한 일이었다. 동시에 그것은 기적이기도 했다. 1979년의 어느 날, 한 라디오 프로그램에 뤼너 박사와 함께 출연한 자리에서 에프너는 사실을 솔직하게 인정했다.

세 사람의 대화는 아래와 같이 진행되었다.

::

진행자 두 분 중 아주 열성적인 수맥 탐지가가 계시다고요.

에프너 네, 제가 그렇습니다. 그것으로 '뭔가'를 찾아내지요. 사실 제가 찾아내는 것이 무엇인지는 저도 모르기 때문에 그렇게 밖에 말씀을 드리지 못합니다.

진행자 그런데 수맥 탐지봉이라는 게 어떤 건가요? 제가 넘겨짚기로는, 손에 무얼 쥐든 큰 상관이 없을 것 같은데요.

뤼너 역사적으로 문헌을 통해 전해 내려오는 바에 따르면, 처음

광부와 농부들이 우물을 찾을 때 사용하던 것은 개암나무 가지나 버드나무 가지였습니다. 손에 약간의 힘을 주고 그 가지를 잡는 겁니다. 가지가 조금씩 흔들흔들 할 정도로 균형을 잡은 다음, 아주 조용하게 천천히 앞으로 걸어가는 게 전부입니다. 그러다 땅속에서 혹은 저 위에서부터 뭔가 반응이 오면 이 가지는 평형 상태에서 벗어나 휙 돌아갑니다. 위나 아래로 돌아가기도 하지요. 이 방법이 바로 수맥 탐지의 시초였습니다. 오늘날까지도 여전히 쓰이는 방법이죠. 탐지봉으로는 어떤 물질이든 원하는 대로 선택할 수 있습니다. 실제로 조금만 연습을 하면 누구나 수맥 탐지를 할 수 있다고 해요. 저 역시 수맥탐지를 전문적으로 하는 사람은 아닙니다. 그러니까 종교적 신념으로서 하는 게 아니라는 것이죠.

진행자 에프너 박사님은 어떠신가요?

에프너 저도 마찬가지입니다. 한 가지 말씀드릴 수 있는 건 탐지봉이 실제로 기능을 한다는 거죠. 저로서도 아주 놀라운 일입니다만…….

진행자 그러니까 탐지봉이 정말 움직인다는 말씀이군요?

에프너 네.

진행자 탐지봉으로는 어떤 것을 사용하셨나요?

에프너 저는 V자 모양으로 굽은 플라스틱 막대를 사용했습니다. 실제 움직임을 보이죠. 이따금씩 위나 아래로 움직입니다.

진행자 순수 과학자로서 이 현상을 객관적으로 설명해주신다면 아주 흥미로울 것 같군요. 탐지봉이 반응을 보일 때는 어떤 느낌이 드나요? 예를 들어 지금 수맥 위를 걸어간다면, 민감한 사람은 무엇을 느낄까요?

에프너 민감한 사람이라면 뭔가 독특한 것을 느끼게 됩니다. 아래팔에 압박감 같은 것이 오지요. 제 경우 처음 그런 느낌을 받았을 때 상당히 회의적인 생각이 들었습니다. 그러면 그 압박감에 대응을 하려 하게 되죠. 그래서 위로 움직인 탐지봉을 필사적으로 내리누르려 했어요. 그 사실을 스스로 인식하면서도 그렇게 행동하는 것이죠. 그런데 마음대로 되질 않았어요. 아래팔에 느끼는 압력이 저절로 더 강해지더군요.

진행자 탐지봉은 수평으로 드나요? 그 상태에서 봉이 위아래로 움직이는 건가요?

에프너 수평으로 들 수도 있고 수직 방향 들 수도 있습니다. 수직으로 들 경우 봉이 사람 얼굴 쪽으로 움직이겠지요. 중요한 것은, 봉을 손으로 쥘 때 평형 상태로 만들어야 한다는 겁니다. 그러니까 위나 아래로 쉽게 바꿔 잡을 수 있는 상태가 되어야겠지요.

진행자 탐지봉이 움직이고 갑자기 아래팔에 압박감이 느껴진다니 놀랍군요. 혹시 놀랍거나 두렵지는 않나요?

에프너 그렇지는 않습니다. 오싹한 느낌은 들지요. 이런 현상을 회의적으로 보는 상태에서 그런 경험을 한다면 더욱 그럴 테고요. 처음에는 일단 뭔가 자신과 맞지 않는다는 느낌을 받게 됩니다. 아주 독특한 느낌인데요, 두려움과는 다릅니다. 한마디로 이상한 느낌이지요.

진행자 혹시 동료들 중에 비웃는 사람은 없었나요?

에프너 당연히 웃음거리가 됐지요. 하지만 과학의 역사를 보면 뭔가 새로운 것을 시도한 사람은 누구든 웃음거리가 되었다고 생각합니다. 갈릴레오 갈릴레이를 한번 생각해 보십시오. 사람들은 그를 화형시키려고까지 했습니다. 생명의 위협 때문에 과학에 대한 자신의 믿음을 포기해야 했죠. 그건 웃음거리가 되는 것보다 더 나쁜 일입니다.

진행자 이렇게 과학의 경계에 있는 분야를 다룰 때는, 과학적 질서라는 측면에서 조금 거리를 둘 필요도 있지 않습니까?

에프너 그 반대입니다. 과학을 발전으로 이끄는 본질은 호기심이기 때문입니다. 그 호기심이 사람을 알 수 없는 새로운 분야로 이끌어줍니다. 그런 데서 뭔가를 경험하는 일에 호기심을 느끼게 되지요. 그리고 바로 그것이 새로운 과학적 발전의 근원입니다. 과학자가 더 이상 호기심을 느끼지 못한다면 이미 힘을 잃은 것이죠."

::

생물물리 경계영역 연구회가 비교적 큰 주목을 받게 된 것은 1984년이었다. 연구회는 서독 방송국(WDR)과 공동으로 텔레비전 프로그램을 제작했다. 그리고 탐지봉 현상이 부정할 수 없는 현실임을 이 프로그램을 통해 보여주었다.

이 프로그램을 위해서 연구회는 수맥 탐지를 직접 시험해볼 수 있는 기회를 마련했다. 시험 지역으로는 스위스 아르가우 주 프릭 계곡의 비트나우를 택했다. 이곳은 샘이 아주 많았는데, 정확한 깊이에 대해서는 당시까지 알려진 바가 전혀 없었다. 그러니까 수맥을 탐지하는 능력을 검증하기에는 아주 이상적인 장소였던 셈이다.

벨기에 중앙은행 총재를 역임한 파울 마르그라프가 초빙되어 구이도 에프너와 함께 직접 수맥을 탐지했다. 카메라가 돌아가는 가운데, 두 사람이 탐지봉으로 가리킨 지점에서는 전문적인 시추가 실시되었다. 그리고 실제로 해당 지점에서는 물이 발견되었다. 지질의 성질로 보면 물이 있을 것으로 예상되었으나 탐지봉으로는 수맥이 없는 것으로 나타났던 지점도 시추를 해보았다. 그 결과 물은 한 방울도 나오지 않았다.

이 영상은 1984년 8월 29일 최초로 방영된 후 객관적인 실험 장면으로 긍정적인 반향을 일으켰다. 이에 대해 〈베스트팔렌〉 신문은 "사실 하늘과 땅 사이에는 우리 이성으로 이해할 수 없고 과학으로 설명할 수 없는 현상들이 일부 존재함이 분명하다."라고 평을 싣기도 했다.

한편 에프너는 이 신기한 현상에 대해 "분명히 물이라는 원소 때문일 것"이라고 대답했다.

"물은 모든 생명체의 생존에 필수적인 원소입니다. 인간은 유기체로서 외부에서 오는 영향이란 영향은 모두다 받아들이는, 머리 아플 정도로 복잡하고 민감한 수용체이죠. 그렇기 때문에 자연은 진화라

1980년대 초 구이도 에프너 박사의 모습.

는 틀 속에서 우리에게 어떤 식으로든 물을 '탐지'하는 소질을 주었을 거라고 저는 생각합니다."

과학의 회색지대를 탐사하는 사람들

1988년 말, 텔레비전 프로그램 〈슈퍼트레퍼〉에 전기장 실험을 독점 공개하기 몇 주 전, 에프너 박사는 생물물리 경계영역 연구회의 회장 자격으로 과학과 경계과학 사이의 '회색지대'에 대해 생각하는 자리를 가졌다.

그는 호프만라로슈 사가 주최한 공개 연례 학회에서 이렇게 말했다.

"연구를 하는 사람들 가운데는 스스로를 이방인이라고 느끼는 경우가 많습니다. 그러나 과학사에서 거대한 돌파구를 마련한 사람들은 늘 그런 이방인들이었지요. 이 사실을 과소평가해서는 안 됩니다. 일부 과학자들은 쏟아지는 비판 속에서 혹독한 시련을 견뎌내야만 했습니다. 또한 잘 알다시피, 과학자들이 늘 객관적 논거만 마주치게 되는 것은 아니지요.

정신분석학의 창시자 지그문트 프로이트도 평생 동안 수많은 반대파들을 대적해야 했습니다. '아인슈타인에 반대하는 100인의 물리학자'라는 팸플릿이 발간된 적도 있습니다. 거기에 이름을 실은 저명한 과학자들은 으스대는 태도로 상대성 이론을 비판했습니다. 물론 나중에는 다들 차라리 펜을 잡지 않았더라면 하고 후회를 했겠지만 말입니다."

에프너는 과학적 진실을 수용할지 또는 거부할지를 결정하는 요소는 객관적 검증만이 아님을 고려해야 한다고 지적했다. 인간, 사회, 정치, 세계관 등과 관련된 다양한 전제가 결정에 영향을 미친다는 것이다.

"어느 정도 합당한 선에서 수용이 이루어지겠지요. 그렇다면 수용되는 내용은 무엇일까요? 우선은 지금까지의 인식과 경험에 모순되지 않아야 합니다. 그런데 모든 새로운 것은 어떤 면에서든 필연적으로 종래의 것과 모순 관계에 있습니다. 그렇지 않으면 새로움이라는 성질을 잃게 되니까요. 어떤 내용은 인간에게 유용한 것으로 결론이날 수도 있습니다. 다만 문제는 그러한 결과를 알기 위해 어떤 인식을 취해야 하는가 하는 점입니다. 이 부분을 해결하지 못한다면 완강히 거부하는 태도를 취하게 되지요. 미지는 두려움을 불러일으키니까요."

이 과정은 반대 방향으로도 진행될 수도 있다. 결과적으로 유용하거나 더 나아가 바람직한 것으로 나타나는 경우에는 무조건 수용이 되기도 한다.

"여러분은 이런 이야기가 과학적 평가와는 아무런 관계가 없다고 반박할지도 모릅니다. 그러나 과학자 역시 한 인간이라는 사실을 늘 기억하시기 바랍니다. 그들에게도 때로는 자신의 관점을 깨부수고 나와 절대적 객관성을 유지한다는 것은 무척 어려운 일입니다."

특히 생물학의 경계 영역에서 저항은 언제나 예정되어 있는 것이나 마찬가지라고 에프너는 말한다.

"생물학은 생명을 다룹니다. 우리도 생물이며, 그렇기 때문에 누구나 이 분야에 직접 포섭되는 존재라고 느끼지요. 그리고 그만큼 더 완고한 자세를 가지게 됩니다. 생명의 형태에 대한 개입은 가장 모험적인 사변 없이는 실행될 수 없음을 여러분 모두 알고 계실 겁니다. 예를 들어 박테리아 하나에 단순히 유전자 조작을 가할 경우, 초인이나 열등한 생명체, 혹은 괴물을 인위적으로 창조하는 것으로 순식간에 해석이 바뀌어버리기도 하지요."

그 후 1991년, 생물물리 경계영역 연구회의 회장직을 떠나면서 여기에 그는 여기에 사색의 말을 덧붙였다.

"오늘날 과학이 병을 앓고 있지만, 너무 많은 분야로 나뉜 채 분리되어 있어서 상이한 분야의 과학자들 사이에 대화가 좀처럼 이루어지지 못하고 있는 실정입니다. 전공 분야가 다르면 서로 이해하지도 못하는 상황이 되었지요."

그는 자연이 하나의 단위라며 지치지 않는 목소리로 강조한다.

"자연은 전체로서 기능합니다. 우리가 멋대로 나누어 놓은 여러 과학 분야, 예를 들어 화학이나 물리학 또는 생물학 같은 것을 자연은 모릅니다. 자연은 인간이 자연을 이해하는지 그렇지 않은지에 대해 관심이 없습니다. 그저 제 할 일을 할 뿐입니다."

이로 인해 과학이 기술하는 것과 실제 진리 사이에 큰 괴리가 생겨났으며, 이 간극이 더 커지는 것을 허락해서는 안 된다고 그는 강조한다.

구이도 에프너 박사의 연설 모습. "자연은 전체로서 기능합니다. 우리가 멋대로 나누어 놓은 여러 과학 분야, 예를 들어 화학이나 물리학 또는 생물학 같은 것을 자연은 모릅니다."

강연 중인 하인츠 쉬르히. 그는 복잡한 인식을 청중에게 쉽게
전달하는 재능이 있었다.

    1990년대 중반 하인츠 쉬르히가 연구회의 새 회장으로 취임했다.
그는 기존의 확실한 것에 계속해서 의문을 던져야 한다는 입장을 지
지했다. 그러면 분명 놀라운 일이 일어날 것이라는 이야기였다. 예
컨대 수많은 물리적 상수는 과학 내부의 약속일 뿐, 우리가 기대하
는 것처럼 절대적 개념은 아니라는 것이다. 엔트로피든 광속이든 혹
은 중력이든, 많은 과학적 개념이 그저 아주 작은 틀 안에서만, 하나
의 특별한 체계 내부에서만 들어맞는다. 이러한 체계를 확대하면 객
관적 상황은 완전히 달라진다.

"그렇기 때문에, 우리는 내부의 유아적인 호기심을 통해 사고의 도약을 이루어야 합니다. 다시 겸손하게 문제를 제기하고 자연을 관찰하는 본연의 자세로 되돌아가야 합니다. 자연은 스스로 진화하기 위해 수십억 년이라는 시간을 필요로 했습니다. 마지막 수백만 년 전에 출현한 인간은 아직 배워야 할 것이 너무도 많습니다!"

제3세계의
희   망

"실험은 믿을 수 없을 만큼 조용하고 섬세한 방법으로 진행되었습니다.
저를 매혹시킨 것은 바로 그 미묘함의 힘이었습니다."
:: 니쿤야 에프너

태고의 곡물이
아프리카에서
싹틀 준비를 하다

평 화 로 운 반 항 아

　　　　　　그의 본명은 크리스토프 에프너이다. 하지
만 자신의 원래 모습을 오래전에 떠나보내고 지금은 니쿤야라는 예
명으로 활동하고 있다. 다니엘 에프너의 형이기도 한 니쿤야는 종종
네덜란드에 텐트를 치기도 하고 마다가스카르 인근의 라레위니옹 섬
에서 머무르기도 한다. 그가 스위스에서 지내는 일은 좀처럼 드물다.

　니쿤야가 살아온 길은 오디세우스의 여정과도 비견될 만하다. 그는
지구의 절반을 돌아다녔다. 폴란드에서는 바웬사(폴란드의 노동운동가이자
정치가로 노벨 평화상을 받았으며 초대 직선 대통령에 당선되었다─옮긴이)를 만났으며,
시나이 사막에서는 아랍 유목민인 베두인 족과 함께 캠핑을 하기도
했다. 독일의 유명 연예인 토마스 고트샬크와 잠시 함께 일한 적도 있
다. 1997년에는 제네바의 유럽 국제연합(UN, 유엔) 본부에서 사무총장

코피 아난을 만났는가 하면, 초장거리 울트라 마라톤 선수로 신문 표제를 장식하기도 했다. 훈련 기간에는 매일같이 50킬로미터를 달리곤 했다. 그 밖에 니쿤야는 수십 년간 수행을 한 명상가이자 확실한 채식주의자이기도 하다.

한마디로, 니쿤야 에프너는 어떤 틀에도 맞지 않은 사람이다. 그는 외모에서부터 그런 이미지를 풍긴다. 니쿤야의 얼굴을 보고 오십을 훌쩍 넘긴 실제 나이를 짐작하기란 쉽지 않다. 다른 사람 같으면 근심의 주름을 지을 일도 그의 얼굴에서는 웃음의 주름이 된다. 이 사람은 기분이 좋으면 언제나 개구쟁이처럼 히죽거린다. 그럴 때면 입이 귀에 걸릴 만큼 환하고 부드러운 미소를 볼 수 있다. 진정한 자신을, 그리고 동시에 평화를 찾은 섬세한 자유사상가의 미소를.

구이도 에프너 박사의 이 둘째 아들은 열여섯 살에 그림을 시작했고 나중에는 미술 직업학교를 졸업했다.

"저는 동생에 비하면 훨씬 더 반항적이었죠." 그와 처음 마주앉았을 때, 그는 생각에 잠겨 이렇게 말했다. "열한 살, 열두 살 무렵에 벌써 옛 철학자들을 두루 섭렵했습니다. 그러고는 제 갈 길을 찾기 위해 거의 집에서 나오다시피 했죠. 미리 정해진 구조란 것은 제게 진작부터 공포 그 자체였습니다. 그런 생각은 오늘날까지도 제 예술 작업을 관통하고 있습니다. 딱딱하게 굳은 구조와 틀에 대해 끊임없이 질문해 대고 또 그것을 깨부수는 거죠."

그런 면에서 니쿤야의 작품에는 늘 정신적 영감이 스며 있다.

"정신성에 대한 저의 이해란, 한 존재를 그 근원과 자체의 목적 속에서 감지하는 것입니다. 정신적 실재는 철학이나 종교와는 별개로, 존재하는 모든 것들과 결부되어 있습니다. 가장 거대한 나무도 작고 하찮은 씨앗 하나에서 성장한 것입니다. 저의 경우, 예술적 창조의 비밀은 이런 씨앗을 거대한 나무와 동시에 감지하는 데 있습니다. 그러니까 근원, 목표 및 현상을 하나의 단위로서 파악하는 거죠."

논란을 몰고 다니는 예술 작품

　　　　　　　　　　수년 전부터 니쿤야 에프너는 예술적이면서도 독창적이고 파감한 퍼포먼스와 회화, 설치 예술 등으로 끊임없이 언론을 도발했다. 현대적 작품들은 '권위자'로서의 대중을 작품의 행위 속에 함께 포용하는 것을 목표로 한다고 그는 설명한다. 유엔 수석 사무처장인 블라디미르 페트롭스키의 후원으로 개최된 1997년의 예술 프로젝트 〈하나 됨, 세계적 전망, 현실(Oneness-World Vision-Reality)〉도 마찬가지였다.

당시 니쿤야는 제네바 중심부에 공개 작업실을 만들었고, 방문객들은 그곳에서 독특한 방식으로 자신의 초상을 만들었다. 그는 분쟁 중인 두 국가의 국기를 바느질하여 하나로 이은 다음 방문객들의 얼굴에 덮도록 했다. 이어서 천 위에 나타난 얼굴 윤곽을 아크릴 물감으로 칠했다. 이렇게 하여 개개인을 직관적으로 표현해냈으며 아주 개성적인 그림 수백 점이 탄생했다.

이 예술가는 프라하의 공화국 광장에서 가로 4미터, 세로 7미터 크

니쿤야 에프너. 귀도 에프너 박사의 둘째 아들로 오늘
날 예술가로 활동하고 있다. 그는 전기장 실험이 우선
제3세계를 위해 구체적으로 이용되기를 바라고 있다.

기의 체크 국기를 똑같은 방법으로 작업했다. 공개적으로 진행한 이
퍼포먼스는 크게 문제가 되었고, 그는 일시적으로 체포되기까지 했다.
많은 나라에서 국기를 변형시키거나 그 위에 그림을 그리는 것을 금
지하고 있기 때문이다. 하지만 제네바에서는 승인을 받았고, 인권 선
언 50주년 기념 국제회의 때는 프랑스 파리의 유네스코 본부 로비에
설치미술 작품을 전시하기도 했다.

　니쿤야는 제네바에서 아내 나자니 불린을 만났다. 그녀는 마다가스
카르 동쪽 인도양의 섬나라 라레위니옹 출신의 무용가였다. 2001년
두 사람은 제네바대학교 강당에서 기념비적 예술 퍼포먼스인 〈우리
집 위의 하늘(The Sky over my House)〉을 구현했다.

"미술계의 일대 사건이었죠. 스캔들을 일으켰고 지금은 거의 미스터리가 되었으니까요."

제네바대학교 총장은 당시 감행한 무용 공연이 너무 분방하다고 판단하여, 이후 예정된 전시들을 즉각 금지하고 말았다.

섬세한 관찰의 힘

한쪽은 위엄이 가득하고 가부장적인 아버지요, 철두철미한 과학자에다 열렬한 범죄 수사물 애독자였다. 또 다른 한쪽은 섬세하면서도 반골 성향을 가진 아이로, 예술가적 소질이 뛰어났으며 영혼의 문제에 대한 열정이 남달랐다. 아버지 구이도 에프너와 니쿤야가 이렇게 서로 달랐으니 마찰이 없지는 않았을 것이다.

"물론 아버지와 저는 격렬한 논쟁을 벌이곤 했죠."

내가 묻기도 전에 이야기를 시작하면서 그는 의미심장한 눈짓을 보냈다. 하지만 그는 큰 존경심을 가지고 아버지를 추억한다.

"어떤 때는 오후 내내 토론을 하기도 했습니다. 정말 잊을 수 없는 경험이었죠. 서로의 견해가 여기저기서 아주 강력하게 충돌했어요. 아버지는 엄청난 지식을 가진 분이셨죠. 하지만 제가 무엇보다 높이 산 부분은, 누구에게든 그 무엇에 대해서든, 개방적이고 자유로운 정신을 가지셨다는 점입니다. 아버지는 자연에 대한 외경심도 갖추셨어요. 자연을 지배하는 것은 과학이 아니라고 늘 말씀하셨지요. '자연은 과학을 염려하지 않는다.'라는 것이 아버지의 지론이었습니다."

그렇기 때문에 에프너는 치바 그룹 재직시 홍보부서에서 다시 연구부서로 이동했을 때 말할 수 없이 기뻤다고 한다.

"결국 그게 당신의 본디 놀잇감이었거든요."

부자지간을 언제나 다시 하나로 엮어준 것 가운데 전기장 현상도 한몫을 했다.

"저는 거의 매일 실험실로 아버지를 찾아갔어요. 아버지가 하는 일에 피가 끓을 정도로 매료되었으니까요. 제가 관찰한 현상들은 유전자 조작이 아니었기에 더욱 흥미로웠습니다. 유기체는 전기장 안에서 반응을 했어요. 그리고 아버지는 당신이 느끼는 대로 반응하셨죠."

에프너는 그 실험을 누군가와 나누는 겸손한 교제로 여겼다. 큰 곤봉으로 유기체를 내리치는 일은 없었다.

"실험은 믿을 수 없을 만큼 조용하고 섬세한 방법으로 진행되었습니다. 그런데 결과는 그토록 엄청났죠. 저를 매혹시킨 것은 바로 그 미묘함의 힘이었습니다."

니쿤야는 그 연구 결과를 갖고 대중들을 찾아가라고 아버지를 끊임없이 설득했다. 하지만 과학자란 대개 연구 결과를 과학적으로 발표한 다음에야 공개적으로 입을 여는 사람들이었다. 그래서 아버지를 설득하는 데는 요령이 필요했다. 마침 기회가 좋았다. 니쿤야는 당시 본업 외에 스위스 방송국에서도 일을 하고 있었는데 방송 진행자 쿠르트 펠릭스와 한 팀이었다.

"공을 들인 끝에 쿠르트 펠릭스를 바젤에 있는 아버지와 하인츠 아저씨의 실험실에 방문하도록 주선할 수 있었습니다. 그곳에서 펠릭스는 실험 결과에 대해 상세한 설명을 듣게 되었죠."

펠릭스는 깊은 인상을 받았다. 그리고 1988년, 자신이 진행하는 쇼 프로그램 〈슈퍼트레퍼〉에 두 과학자를 초대하여 연구 결과를 수많은 대중에게 최초로 소개하기에 이르렀다. 이것은 결코 쉽지 않은 모험이었다. 오락 프로그램에서 과학 연구 결과를 발표하는 일은 당시 스위스에서 전무후무한 일이었다. 그러나 방송 후 다양한 매체로부터 뜨거운 반향이 쏟아졌고, 펠릭스의 용기와 개방적인 태도는 그만큼의 결실을 얻었다.

보무도 당당한 농산업계 마피아

실험 결과 옥수수와 밀의 수확량이 늘어나고 송어의 크기는 더 커졌다. 니쿤야가 보기에 구이도 에프너와 하인츠 쉬르히의 실험은 '엄청난 유용성'을 갖고 있었다. 이것은 이 세상을 지배하는 이익 중심의 사고를 넘어서는 유용성이었다. 예술가인 그에게 이익 우선주의는 끔찍한 일이다. 그는 사고를 전환해야 한다고 확신했다.

니쿤야는 동생을 참여시켜 새로운 지표가 될 만한 아이디어를 구상했다. 이 논란 많은 결과가 혹시 제3세계에서 유용하게 쓰일 방법이 없을까? 현재 세계적인 제약업체들이 독점적인 종자 정책으로 고통을 심고 있는 그곳에서, 혹은 그동안 다국적 농산물업체의 '유전공학 실험장'이라는 비판을 받았던 아프리카에서 말이다.

실제로 서방의 거대 업체들은 제3세계의 농부들을 갈수록 더 강력하게 종속시키고 있다. 이들은 전통적으로 유지되어오던 농법 대신에 초현대식 종자를 허울 좋게 제시한다. 지금까지는 이듬해 파종하고 경작할 수 있도록 수확물 일부를 남겨두던 곳에서, 이제는 자신들의 최신식 특허 농산물이 자라나는 것을 보려는 속셈이다. 물론 그 종자는 다국적 농산물업체에게서 매년 새로 구입해야만 한다.

그런 슈퍼 종자는 세계를 무대로 경쟁하는 몬산토, 바이어 농산과학, 또는 몇 년 전 노바르티스에서 분리된 스위스의 거대 농산물기업 신젠타 같은 회사가 예외 없이 개발하고 공급한다. 진정한 의미의 독립적인 종자회사는 이제 전 세계 어디에서도 찾아볼 수가 없다. 예를 들면 미국의 다국적 기업 몬산토는 이미 브라질에서만 옥수수 시장의 60퍼센트를 장악한 상태다. 이것은 수많은 사례 중 하나에 불과하다.

신젠타 그룹은 2006년에 약 81억 달러의 매출을 올렸다. 분명한 사실은, 향후 이런 추세는 더욱 강화될 것이라는 점이다. 이들 기업은 이런 현상을 외교적으로 에둘러 표현하기도 한다. "우리의 목표는 농부와 식품, 사료업계를 위해 혁신적인 해법을 제공하고 일류 제품 공급자가 되는 것입니다."

하지만 그 결과 농부들은 바보가 되고 말았다. 독점 기업들이 생산한 유전자 조작 종자는 살충제에 대한 높은 내성을 그 특징으로 한다. 즉 화학약품을 더 많이 투여해도 시들지 않는다. 그런데 이 종자들은 국제 특허를 얻었기 때문에, 한 번 심고 나서 이듬해에는 거기에서 얻은 수확물을 씨앗으로 사용할 수가 없다. 이것이 바로 그 기업들이 원하는 것이다.

오래전부터 널리 쓰이고 있는 것 가운데 이른바 하이브리드 종자라는 것도 있다. 이것 역시 더 많은 수확량과 해충에 대한 더 높은 내성, 그리고 더 뛰어난 기술적 처리 가능성을 특징으로 한다. 하이브리드 종자는 두 개의 근친교배 계열을 이종 교배함으로써 만드는데, 원하는 자질은 후대 종에서 발현하도록 촉진하고, 원치 않는 자질은 없애는 것을 목표로 한다.

"기본적으로 하이브리드는 유전 공학적 변화를 겪지는 않습니다." 독일 '재배용종자협회'의 식물 재배 전문가 크리스티나 헤나치는 이렇게 실낭한다. 하지만 이 재배 방법이 유전공학적이냐 아니냐를 규정하는 것은 전문가들에게도 간단한 일이 아니다. 어쨌든 하이브리드 종자는 수확 후 새로 파종하지 않는다. 이종 교배 후 2세대에서는 새로운 종자의 유전적 특성이 사라지기 때문이다.

그러므로 유전자 변형 종자든 하이브리드 종자든, 농부는 매년 새로운 종자를 구입해야 한다. 물론 구입처는 서구의 다국적 농산물업체가 된다. 제3세계에서 이런 체제는 수확의 질을 떠나 시간이 지날수록 더 많은 소규모 농장주를 파멸로 몰아넣는 악마의 순환 고리가 되고 있다. 예로부터 간직해오던, 현지 기후에 적합한 토박이 종자가 영원히 추방된다는 것도 심각한 문제다. 아직까지는 많은 현지 농부들이 전통적 방식으로 농산물을 경작하고 있지만 얼마나 더 버틸지는 알 수 없는 일이다.

그칠 줄 모르는 거대 그룹의 성공 보도

구이도 에프너와 하인츠 쉬르히가 치바 그룹 실험실에서 함께 연구를 시작했을 때만 해도 서구 농업계는 그런대로 정상적으로 운영되고 있었다. 하지만 얼마 후 세계적으로 합병이라는 염증이 생겨나 연쇄반응을 일으키기 시작했다.

언론 보도를 보면 오늘날 소수의 독점 업체들이 세계 곡물 시장을 어떻게 주무르는지를 알 수 있다. 미국의 거대 농산물업체인 몬산토만 해도 몇 달에 한 번씩 자사와 관련된 뉴스를 제공해 기자들을 '기쁘게' 한다. 지난 수년 동안 발표된 보도자료의 예를 보면 다음과 같다.

"독일 슐레스비히홀슈타인 주, 환경·자연·산림부의 위탁으로 일반적인 옥수수 시료를 실험한 결과 몬산토 종자인 아르세날이 유전자 조작 품종인 GA21을 극미량 함유하고 있는 것으로 나타났다. 환경부는 이러한 종자의 오염은 독일 내에서 적용되는 유전기술 법규에 저촉되는 것이며, 따라서 이런 특수한 종자의 회수 조치는 정당하다는 견해를 표명했다…… 슐레스비히홀슈타인 주 환경부의 조치는 농민들의 영농사업을 심각한 불안으로 내몰고 있다. 몬산토 그룹은 사태 해결 과정에서 고객들에게 완전한 지원을 보장했다(2001년 4월 30일)."

"인도에 위치한 마히코, 즉 마하라슈트라 하이브리드 종자생산업체는 몬산토의 협력사로, 인도 유전기술 허가위원회(GEAC)로부터 무병충해 원면용 종자 판매 허가를 취득했다고 발표했다. 마히코 사의 라주 바르왈레 사장은 '이제 농부들이 병충해 없는 원면을 재배할 수 있게 되어 기쁘다.'라고 밝혔다(2002년 3월 28일)."

"독일 몬산토 농산은, 캐나다 오타와의 연방 대법원이 9월 4일 만장일치로 캐나다의 농부 퍼시 슈메이저 씨가 제기한 17개 항의 상고 사유를 모두 기각했다고 발표했다. 슈메이저 씨는 지난 해 3월 29일 몬산토 사가 제초제 라운드업(상품명─옮긴이)에 내성을 지닌 여름 유채인 라운드업레디에 대해 보유한 특허 가운데 하나를 침해했다는 이유로 캐나다 지방법원에 의해 유죄 평결을 받은 바 있다. 연방 대법원의 앤드류 맥케이 재판관은 당시 슈메이저 씨가 '몬산토 사가 만든 라운드업레디 종자를 이듬해에 다시 심었고(다시 말해 전년도 수확분의 일부를 다시 파종했고) 그럼으로써 몬산토 사의 제초제 저항성 종자 제조 기술 특허를 침해했다는 것을 인지했어야 했다고 판결했다(2002년 9월 6일)."

"필리핀 농업부 유전자변형식품 허가국은 몬산토 사가 생산한 옥수수 종자 일드가드콘보러에 대해 상업적 재배를 허가했다. 옥수수들명나방에 내성을 지닌 이 옥수수는 이르면 몇 달 후, 필리핀 농가에서 재배에 들어갈 수 있을 것으로 보인다. 몬산토의 필리핀 담당 이사 후안 페레이라는 이 결정이 필리핀 농부들에게 복음과도 같다며, 일드가드콘보러 옥수수의 경제적이고 환경 보호적인 이점을 이용할 수 있을 것이라고 언급했다(2002년 12월 17일)."

"몬산토 사는 캐나다 최고법원의 2004년 5월 21일 판결에 대해 환영의 뜻을 밝혔다. 법원은 몬산토 사의 제초제 라운드업에 내성을 지닌 유채에 대한 특허법상의 피보호권을 인정했다…… 몬산토 그룹의 카를 카잘레 부회장은 '이 판결로 인해 지적 재산권 보호에 대한 세계적인 표준이 마련되었다.'라고 공표했다(2004년 5월 25일)."

"몬산토 사는 자사의 유전 기술에 의해 변형된 옥수수 품종 재배에 대한 구속력 있는 실행 규칙을 독일 기업 중 최초로 확정하였다. 이로 써 몬산토 사의 유전자조작 옥수수는 기존 옥수수와 공존이 가능해졌 다. 이 법규에 따르면, 유전자조작 옥수수를 재배하는 밭에 인접한 경 작지에서 일반 옥수수를 심는 경우, 폭 20미터의 분리대를 두어야 한 다. 몬산토 사는 그렇게 함으로써 인접 옥수수와 교배가 일어나는 것 을 피하거나 최소화할 수 있다고 전했다(2005년 4월 21일)."

"하노버 소재 연방 식물종자국은 오늘 MON810 계열의 유전자조 작 옥수수 3종에 대해 판매 허가를 내렸다. 이 중에는 몬산토 사의 품 종도 포함되어 있어, 앞으로 독일 농부들은 해당 종자를 구입하여 우 수한 몬산토 기술의 혜택을 누릴 수 있게 되었다(2005년 12월 14일)."

농부들을 옥죄는 최신 무기, 터미네이터 종자

"농산화학기업의 목표는 농업을 제조업에 종속되도록 몰아가는 것"이라고 국제 환경보 호 단체 그린피스는 수많은 비판가들을 대신하여 단정지었다.

그런 활동의 정점이 바로 소위 '터미네이터 종자'의 개발이다. 거대 종자 기업들은 몇 년 전부터 이런 종자의 개발에 골몰해왔다. 터미네이 터 종자란 일종의 킬러 유전자를 이용해 의도적으로 생식 능력을 제거 한 종자를 말한다. 이렇게 유전공학적으로 거세된 씨앗은 필요한 경우,

(마찬가지로 특허를 얻은) 화학 약품으로만 다시 생식 능력을 얻을 수 있다.

일반적으로 이런 기술의 목표는, 개별 식물 자질이 특수 화학물질의 도움을 통해서만 발현 및 차단되도록 통제하는 것이다. 이렇게 되면 더 이상 소비자와 성가신 특허 분쟁에 휘말리지 않아도 되며, 회사가 개발한 종자를 농부들이 불법 재배하는 일을 원천적으로 막을 수도 있다. 물론 회사가 이익을 얻는 만큼 약자가 그 비용을 부담하게 된다.

아직까지는 많은 국가가 그런 종자에 대한 금지 규정을 가지고 있지만, 규정이 흔들리는 것은 시간문제일 것으로 보인다. 다국적 농산업체들은 이미 그런 기술을 10여 가지 이상 완성하여 서랍에 보관하고 있기 때문이다. 관련 특허도 함께 보유하고 있는 것은 물론이다.

미국에 이어 독일에서도 변경된 품종 보호법이 발효중이다. 밀, 감자, 유채, 잠두(콩과의 여러해살이풀—옮긴이)나 보리 등의 재배 식물 종자는 각 품종을 배양한 종자회사의 지적 재산권으로 간주되고 있다. 그린피스가 비판했듯 "25년 동안, 그것도 전 세계적으로" 인정되는 재산권으로 말이다.

세계무역기구(WTO)는 조만간 이 규정에 전 세계적 효력을 부여할 예정이다. 그때쯤이면 지구 곳곳의 농부들은 자기 밭에서 재배하는 식물에 대해 돈을 지불해야 할 것이다.

석유와 식량으로 세계 장악을 꿈꾸다

텍사스 출신의 경제 분석가 윌리엄 엥달은 이런 동향을 특히 우려하는 사람 가운데 하나다. 오랫동안 석유 문제를 다루었던 그는 뭔가 불길한 느낌을 감지했다. 석유에 관한 정책이 세계적 종자 정책과 너무도 뚜렷한 유사성을 보이고 있기 때문이다.

"지난 한 세기를 돌아보면 석유라는 주제가 실타래의 실처럼 모든 정치적 사건들을 엮고 있습니다. 어디를 보아도 마찬가지입니다. 문제는 지금도 쉬지 않고 대규모 유전의 개발과 장악이 이루어지고 있다는 것입니다. 석유는 제1차 세계대전이 끝난 후부터 현대 경제의 주 에너지원이 되었죠. 우리는 석유에 종속되어 있습니다. 그렇게 볼 때 결론은 분명합니다. 권력은 석유의 원천을 장악하는 자에게 있다는 것입니다."

그는 빌 클린턴에서 조지 W. 부시로의 권력 이양마저도 미국 시장의 최고 엘리트 계층, 다시 말해 소위 제도권 세력이 의도적으로 영향을 미친 결과라고 본다. "전 세계 석유 및 에너지에 대한 통제력을 더욱 강화하는 것"이 그들의 목표라는 이야기다.

딕 체니가 부통령이 된 것도 전혀 놀라운 일이 아니다. 그는 미국 석유 시추 회사 핼리버턴의 회장이자 세계 최대의 석유 재벌이었으니 말이다. 실상 조지 부시 대통령과 국무장관인 콘돌리자 라이스도 석유업계 출신이다. 미국이 군사적으로 개입하는 곳의 문제는 언제나 석유였다고 윌리엄 엥달은 강조한다. 결국 석유를 저렴하고도 쉽게 시추할 수 있는 최대 매장지는 중동이 아닌가!

그런데 석유가 유전공학 종자와 무슨 관련이 있다는 말인가? 미국의 헨리 키신저 전 국무장관은 다음처럼 정곡을 찌르는 말을 남겼다.

"석유를 장악하는 자가 한 나라를 장악하고, 식량을 장악하는 자가 인민을 장악한다."

무엇 때문에 로널드 레이건이나 아버지 부시 시절부터, 미국 정부가 유전자 조작 종자를 정부의 핵심 과제로 선언했는지에 대해 윌리엄 엥달이 파고드는 것은 당연한 일이다.

"사실 그것은 민간 경제 차원의 일입니다. 이러한 개발을 워싱턴의 거대 권력으로 조장한다는 것, 영국 정부에서도 그런 방향을 취하고 있다는 것은 결코 우연일 수가 없습니다! 저도 처음에는 이 문제의 중요성을 과소평가했죠. 하지만 현재는 종자 정책이 전략적 측면에서 석유 문제만큼이나 첨예한 사안이라고 저는 말할 수 있습니다. 이건 우리의 일상생활을 통제할 수 있는 문제거든요. 미국 정부가 2004년 이라크에서 최초로 공포한 법령이 대표적인 예입니다. 이 법령은 향후 이라크에서 유전자가 조작된 특허 종자가 재배되어야 한다고 주장합니다. 물론 미국 정부의 지원을 받아서 말이죠."

생태를 고려한 대안

서구 농산업계가 전기장 식물에 대해 별로 달가워하지 않는 것은 이해할 만한 일이다. 전통적 종자보다 더 많은 수확을 보장할 뿐더러, 유전자를 조작하지 않는다는 점에서 그들에게 아무런 도움이 되지 않기 때문이다. 이 식물은 해충보다 더 빨리 성장하므로 살충제나 살진균제, 비료를 덜 써도 된다. 게다가 자신의 특정 유전자질에 대한 조작을 다시 무효화해버린다.

하인츠 쉬르히는 이미 1990년대 초에 이런 상황을 우려했다.

"현재 밀의 경우 네 개 품종밖에 없습니다. 본질적으로 모두 하이브리드 품종이죠. 이를 보완할 전기장 밀은 봄과 여름이 짧은 지역에서 재배될 수 있다는 것이 중요한 장점입니다. 보통의 밀은 그런 환경에

다니엘 에프너가 재배한 밀 덤불. 전기장 처리를 거친 씨앗 하나가 이렇게 성장했다. 하나의 본 가지에 여러 개의 곁가지가 자랐는데 나중에 모든 가지에서 이삭이 맺힐 것이다.

서 전혀 자랄 수 없거든요. 또 전기장 밀은 흔히 사용하는 농약이 없어도 됩니다. 전기장 밀은 4~8주 후에 수확하는데, 해충들은 보통의 밀 성장 과정에 익숙한 터라 그때쯤에는 아직 충분히 성장하지도 못한 상태입니다."

더 자세한 실험을 거쳐야 하겠지만, 일부 품종은 다년 성장도 가능한 것으로 보였다.

"원칙적으로 식물학에서는 풀을 1년생으로 간주합니다. 밀의 경우에도 농부가 매년 새로운 씨앗을 뿌려야 하는 것이죠. 그런데 우리가

이 밀 덤불에서는 이삭이 스물네 개 자랐고, 각 이삭에서는 스물여섯 개에서 최대 서른두 개까지 낱알이 달렸다. 다니엘 에프너가 1997년에 옥외 실험을 통해 얻은 결과이다.

자체적으로 실험한 결과 전기장 처리를 거친 밀 이삭 하단부에서 구근(球根) 같은 구조를 발견했습니다. 그것이 일종의 저장고일 것이라는 추측을 해볼 수 있었죠. 이런 저장고는 다년생 식물이 생존하도록 뒷받침해줍니다. 양파 같은 전형적 구근 식물을 생각하면 쉽게 이해될 겁니다. 매년 그 뿌리에서 다시 싹을 틔우죠."

구이도에프너연구소, 꿈의 실험실

에프너 박사의 자제들은 한마음으로 뭉쳤다. 이들은 아버지의 연구를 계속 이어가기 위해 새로운 대규모 실험이 필요하다는 데 모두 동의했다. 여러 기후 조건하에서, 또 서방의 거대 기업에 의존하지 않고서 연구를 하자는 것이 이들의 의도였다. 또한 사회적으로 열악한 상황에 처한 사람들도 혜택을 볼 수 있어야 한다는 점을 고려했다. 이를 위해 다니엘과 니쿤야 형제는 '구이도에프너연구소'를 설립했다. 공익 법인으로서, 구이도 에프너 박사의 몇 가지 특허도 이 연구소로 양도했다. 목표는 유전자 조작을 한 식료품이나 건강 관련 제품의 대안이 될 수 있는 방법을 연구 개발하며, 이를 세계적으로 장려하고 지원하는 것이었다. 국민들의 건강 및 복지 증진을 지원하는 현지 단체 및 정부 기구와도 협력을 꾀하고 있다.

연구소에서 수행하는 세부적 공익사업은 다음과 같았다.

:: 생체물리학 연구를 위한 법인 자체 연구소의 설립 및 운영

:: 프로젝트 평가 및 자금 지원

:: 프로젝트의 실행 및 이에 대한 안내와 교육

:: 생체물리학 연구 활동 지원

:: 특허 관리 및 신청

:: 프로젝트 진행 지역의 영농조합과 현지 기반 조직 및 공익 법인과의 협력

:: 유엔 등 전 세계 공영 기관 및 관공서와의 협력

:: 과학적 자료 및 개별 연구 프로젝트의 공정 원리에 대한 간행물 발간

:: 국내외의 생물다양성 위원회와 협력

:: 각 지역 영농조합의 영농 개선을 위한, 국내 및 국제기구와의 협력

기본적인 전제는, 개발도상국에서 전기장 실험이 성공적으로 진행된다면 관심 있는 농부들이 이 법인에 가입할 것이라는 점이었다. 그렇게 되면 농부들에게 컨테이너식 이동 실험실을 무료로 제공하여, 엄격히 정해진 지침에 따라 전기장 방식으로 종자를 생산할 수 있도록 한다는 것이다.

이 프로젝트는 인터넷에 기반을 두고 조율될 것이며, 경험을 나누는 데도 인터넷 공간이 활용될 예정이다. 수입의 일정 비율은 법인에 귀속시켜, 새로운 컨테이너 실험실을 구비하고 직원들을 교육하는 데 재원으로 삼게 될 것이다. 그렇게 하여 작은 농업 혁명의 불씨가 점점 일어나는 것이다.

"이런 식으로 전기장 효과를 이용해서 개인의 이익 대신 공동의 이

익을 얻게 될 것입니다. 더불어 전체를 위한 완전히 새로운 윤리적 접근 방식을 창출하는 것이죠."

니쿤야는 이렇게 말했다. 아직까지는 서류상으로만 존재하지만 이 아이디어는 분명 환상적이다. 이들은 희망이 곧 현실이 될 것이라고 믿는다. 조만간 서아프리카의 작은 나라 부르키나파소 등지에서 최초로 대규모 실험을 시도할 예정이다. 세계에서 가장 가난한 이 나라는 국민들 스스로 '솔직한 사람들의 나라'라고 부르는 곳이다.

원조를 받을수록 가난해지는 아프리카

장 치글러의 추산에 따르면, 지구상에서는 매일 10만 명 이상이 굶어죽거나 굶주림의 직접 후유증으로 사망하고 있다. 치글러는 수십 년 전부터 세계 강대국에 대항하는 글을 써왔다. 현재 유엔의 식량접근권 특별조사관이자 한때 스위스 연방의회 의원을 역임한 사회학자 치글러가 그 과정에서 친구만 얻은 것은 분명 아닐 것이다. 그러나 그의 사명은 달리 해석할 여지가 없다.

"세계화라는 것은 매일 매일 일어나는 테러입니다. 7초마다 열 살 미만의 어린아이가 한 명씩 굶어죽고 있습니다. 4분에 한 명씩 비타민 A 부족으로 시력을 잃으며, 어린이와 성인 남녀 8억 2800만 명이 항구적으로 최악의 영양 결핍을 겪고 있습니다. 한 사람이 매일 2700칼로리의 음식을 섭취한다고 계산한다면, 오늘날 세계적으로 생산되는 농

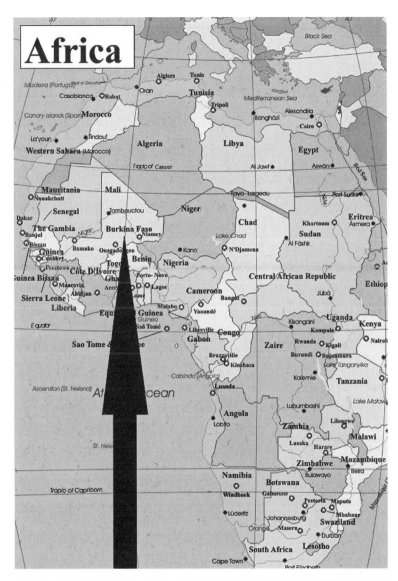

세계에서 가장 가난한 나라 부르키나파소. 조만간 이 나라에서 전기장 처리된 곡물을 재배하는 최초의 실험이 시작될 것이다.

산물로 120억 인구를 아무 문제없이 먹여 살릴 수 있을 것입니다."

뭔가를 해야 한다는 것은 분명하다. 그러나 또 한 가지 분명한 사실은, 제3세계 국가에 구호물자를 계속 공급하는 것이 최상의 개발원조는 아니라는 것이다. 이것은 구이도 에프너도 이미 지적한 사항이다. 결국 식량 문제는 생산이 아니라 분배의 문제이기 때문이다. 예컨대 미국은 아프리카 같은 나라에 잉여 생산된 식량을 잘못된 방법으로 분배하려는 경향이 있다.

"그곳에도 곡식을 재배하려는 농부가 있습니다. 그런데 개발원조 측에서 자루에 곡물을 가득 담아 와서는 공짜로 나누어 줍니다. 이것은 생산을 하려고 하는 농부에게는 경제적 파멸을 의미합니다. 만약 제가 도매시장에서 버터를 공짜로 받는다면 굳이 이웃 가게로 가서 버터를 살 이유가 없거든요."

서구의 직접적 재정 지원 역시 상황을 더 악화시키기는 결과를 낳곤 한다. 적어도 가난한 사람들에게는 그렇다. 이런 맥락에서 보면, 영국 가수 밥 겔도프가 얼마 전 '라이브-8'이라는 매머드급 음악회를 개최한 일이 오히려 순박하다는 느낌을 준다. 그는 아프리카의 기아 문제를 제기하고 세계적으로 아프리카의 부채를 탕감해줄 것을 주장했다. 수많은 유명 가수들이 무대에 올라 그를 지지했다.

하지만 그의 고귀한 의도는 현실에서 정반대의 결과로 나타났다. 그 후 G8 정상회담(캐나다, 프랑스, 독일, 이탈리아, 일본, 영국, 미국의 G7 국가와 러시아의 정상들이 매년 모여 현안을 논의하는 회담-옮긴이)에서 부채 탕감을 결의했으나, 우간다의 언론인 앤드류 므웬다의 표현처럼 이는 "독재자에게 건넨 백지 수표"와 다르지 않았다. 므웬다는 한 인터뷰에서 이렇게 밝혔다.

"팝 가수 로비 윌리엄스는 참 대단했습니다. 그러나 아프리카 원조 문제에서는 모든 것이 예상대로 하나의 재앙이었습니다."

므웬다는 모든 재정적 지원을 중단하라는 공격적 메시지를 표명했다. '모든 나라가 아프리카의 부채를 잔돈푼까지 다 받고 아프리카를 그냥 내버려두라. 모든 원조는 우리 독재자의 무능을 가릴 뿐이다!'

이 아프리카 언론인은 세계은행이 '아프리카 성공 신화'라고 일컫는 자기 고향에 대해서도 날선 비판을 거두지 않았다.

"2000년에 우간다는 30억 달러의 부채를 갖고 있었습니다. 그중 20억 달러가 탕감되었죠. 우간다는 이날 잔치를 하려고 다시 정식으로 돈을 빌려서 대통령의 제트기를 구매했습니다. 또 2억 달러를 정계 후원 세력에게 분배했죠. 장관이 68명에, 대통령 보좌관이 73명이나 되니까요. 오늘날 우간다는 다시 50억 달러의 외채를 떠안고 있습니다."

아프리카는 40년간이나 외국의 원조를 받았다. 하지만 그동안 아프리카 사람들은 점점 더 가난해졌을 뿐이라고 므웬다는 지적한다.

"여러분들에게 아프리카는 놀라운 시장입니다. 원조 산업의 매출액은 연간 600억 달러를 기록하고 있습니다. 수만 명에 달하는 유럽인과 미국인이 그 돈을 챙깁니다. 그들은 모두 아프리카가 흥청망청하는 미친 시스템을 그대로 유지하도록 하는 데 관심을 기울입니다. 오늘날 이곳 아프리카에는 5000명이 넘는 원조 전문가들이 일하고 있습니다."

케냐의 경제 전문가 제임스 시크와티도 독일 주간지 〈슈피겔〉에 비슷한 주장을 전개했다.

"개발원조는 거대한 관료 조직에 돈을 대주고 부패와 자기도취를 조장하며, 아프리카 사람들에게 구걸과 종속을 가르친다. 게다가 우리에게 그리도 절실한 현지 시장과 기업가 정신을 무력화한다. 말도 안 되는 소리 같겠지만, 아프리카 문제의 한 원인이 바로 개발원조인 것이다. 개발원조가 사라진다면 평범한 국민들이야 그 사실을 알지도 못하겠지만, 고위관료들은 큰 충격 받을 것이다. 그래서 그들은 이런 개발원조가 없다면 세상이 망한다고 주장하는 것이다."

결론적으로, 아프리카가 정말 필요로 하는 유일한 원조는 자립을 위한 원조이다. 다니엘 에프너는 이 사실을 잘 알고 있다. 그래서 그는 이렇게 강조한다.

"우리의 전기장 처리 식물이 제3세계의 광범위한 지역에서 실제로 무성하게 자라려면, 현지인 스스로가 이 방법을 상업화해야 합니다. 부패의 가능성이 크기 때문에 그런 권리가 우리 법인에 귀속되어야 한다는 것은 자명한 일입니다. 그렇지 않으면 다시 한 번 소수만이 큰 돈을 챙기게 됩니다. 취약 계층의 희생 위에서 말입니다."

부르키나파소를 향한 모의

섭씨 35도의 뜨거운 여름날, 스위스 서부의 호반 도시 제네바에서 라울 웨드라오고를 만났다.

인사를 나누는 순간 곁에 있던 니쿤야는 "왕실 혈통이라 부르키나파소 북부에서는 왕자로 통하죠." 하고 내 귀에 속삭였다.

한때 '오버볼타'라 불리던 부르키나파소의 역사는 혼란스럽다. 1983년, 국민 영웅 토마스 상카라가 사회주의 혁명을 일으켜 권력이 넘어가면서 나라의 정치 상황은 완전히 뒤집혔다. 하지만 단 4년 만에 상카라는 혁명 동지였던 현 대통령 블레즈 콩파오레에게 축출되어 살해당하고 만다.

그 후 이 농업 국가의 정치적 상황은 대체로 안정을 찾았다. 부르키나파소는 현재 민주주의의 개방 단계에 있다. 수단 지역 사바나의 고원에 위치한 이 나라의 국가 지표들은 놀라울 정도이다. 오늘날 인구는 1300만 명이며, 의사는 인구 2만 7000명에 한 명꼴이다. 15세 이하 인구가 전 국민의 절반 정도를 차지하며, 평균 수명은 43세이다. 인구의 3분의 2는 문맹이고 에이즈 감염률은 깜짝 놀랄 정도로 높다.

라울은 7년 동안 제네바대학교에서 일했다. 그중 5년은 사회학과장 치글러 교수의 조교로 일했는데, 한 전시회를 계기로 니쿤야와 만나게 되었다. 두 사람은 깊이 있는 대화를 나누며 다음과 같은 아이디어를 구체화했다. 구이도 에프너와 하인츠 쉬르히가 개발한 내용을 에프너 형제가 부르키나파소에 수출하고, 그 대가로 현지에서 영향력 있는 농업 기술자인 라울의 부친이 대규모 야외 실험을 할 수 있는 땅 수 헥타르를 제공하는 것이다.

기장과 옥수수, 그리고 현지 어종까지도 이 실험의 대상으로 삼을 수 있다. 기후 차이가 있기는 하지만, 야외 조건에서 대규모 실험이

세 사람은 구이도 에프너와 하인츠 쉬르히가 평생 받지 못했던 과학적 인정을 지금이라도 얻을 수 있게끔 노력하고 있다.

성공을 거둔다면 별 문제 없이 이 사업을 확대할 수 있을 것이다. 현지 영농조합이 협조한다면 충분히 가능한 일이다.

제네바에 있는 '간디'라는 이름의 카페에서 니쿤야와 디니엘, 라울은 부르키나파소로 사전 조사를 떠날 세부적인 계획을 논의했다. 다니엘 에프너는 특히 질문거리가 많았다. 부르키나파소의 농지 경작 시기는 언제인가? 기후 여건은 어떠한가? 현지 어종인 틸라피아는 어디에서 어떤 조건하에서 양식되고 있는가? 현지 토종 곡물에는 어떤 것이 있는가? 어떤 정치적 장애물을 감수해야 하는가? 사전 조사에는 어느 정도의 비용이 소요될 것인가?

"첫 출장은 닷새이면 될 겁니다."

라울은 이렇게 말했다. 자기 나라의 고위 정치 인사와 친분이 있으며 콩파오레 대통령도 개인적으로 알고 있어서 도움이 될 것이라고도 덧붙였다.

"아프리카에서는 시계바늘이 좀 다르게 돌아가죠. 하지만 현지에서 시간을 낭비하는 일이 없도록 제가 관공서와의 면담 일정을 잡겠습니다. 한 가지 중요한 것은, 의전과 현지의 위계질서에 주의하셔야 한다는 겁니다. 아프리카 사람들은 의전에 아주 큰 의미를 부여하니까요."

스위스 교수와 아프리카 청년의 운명적 만남

라울 웨드라오고는 설명하기 쉽지 않은 인물이다. 그는 쉴새없이 몸을 움직인다. 웃을 때나 몸짓을 할 때 아프리카 고유의 리듬에 박자를 맞추는 듯하다. 첫눈에도 마치 레게 음악가 같다는 느낌을 준다. 또한 이야기 솜씨와 유머가 뛰어나서 재치 있는 원맨쇼 진행자를 연상시킨다. 이 사람이 사회학 박사라는 것은 이야기를 한참 나눈 후에야 알아차릴 수 있다.

잠시 대화가 멈춘 후 라울은 장 치글러 교수에 대한 이야기를 시작했다. 생각이란 것을 하게 된 이후 자신에게 가장 깊은 영향을 준 사람이 바로 장 치글러였다고 한다. 그는 고등학교를 졸업하기 직전 부르키나파소에서 그 스위스 교수가 쓴 아프리카 관련 서적 한 권을 우연히 읽게 되었다.

"그 책을 읽으면서 제 눈을 의심했습니다. '이 사람은 정말 아프리카

라울 웨드라오고는 조국 부르키나파소에서 에프너 형제가 대규
모 재배 실험을 할 수 있도록 돕고 있다.

에 대해 모든 것을 알고 있구나' 하는 생각이 들더군요. 그것도 백인이
말입니다……."

그렇게 말하면서 그는 입이 두 귀에 걸리도록 환하게 웃는다. 당시
라울은 스위스가 어디에 붙어 있는지도 몰랐다. 1980년대 무렵, 그는
조국을 숨 막히는 긴장으로 몰아넣었던 토마스 상카라의 혁명에 심취
하여 여기에 열성적으로 참여하고 있었다. 그 시점에 장 치글러가 부
르키나파소의 수도 와가두구를 방문한다는 소식을 라디오로 듣고서
그는 더욱 놀랐다.

"그 사이 저는 치글러 교수의 책 내용을 속속들이 알고 있었습니다.
그래서 회의장으로 출발했죠. 치글러 교수에게 질문 세례를 퍼부으려

고요."

유명한 세계화 비판론자와의 만남은 아프리카의 젊은이에게 깊은 인상을 심어주었다. 이후 수년간 두 사람은 집중적으로 편지를 교환하게 되었다.

"치글러 교수님은 제 편지 하나하나마다 전부 답장을 해주셨어요." 라울은 아직도 그 사실에 감탄을 한다.

그는 자신의 우상에게 좀 더 가까이 다가가기 위해 스위스 국경 근처의 프랑스 브장송에서 사회학을 공부했다. 그리고 1990년대에 마침내 제네바대학교으로 옮겼고, 치글러 교수는 그를 조교로 거두었다.

라울은 자신의 나라에서 전기장 농법이 다국적 농산업체의 독점 위기에 맞서는 사회적 대안이 될 수 있기를 희망한다. 다국적 기업은 급기야 그의 고향에마저도 눈독을 들이고 말았다. 그들은 세계에서 가장 가난한 이 나라의 고통을 자신들의 목적에 즉각 이용했다. 결국 곤경에 처해 있던 부르키나파소는 자국의 가장 중요한 산업 분야인 면화 생산과 관련해 유전자 조작 목화씨의 시험 재배를 허용했다. 서아프리카 국가 중에서는 최초의 일이었다.

클라우디아 파페 기자는 이 일을 현지 추적하여 2005년 3월 15일자 〈디벨트〉 신문에 기사를 실었다. 그는 부르키나파소의 운데 시에서 면화 농사를 짓고 있는 농부 프랑수아 타니를 인터뷰했다. 농부는 열악한 경제적 상황 때문에 유전자조작 농산물 재배에 참여하겠다는 뜻을 밝혔으며, 이미 소피텍스라는 현지의 면화회사와 논의를 마친 터였다. 타니는 회사로부터 종자를 구입하고 수확물을 팔기도 한다. 그

라울 웨드라오고와 니쿤야 에프너가 대화를 나누고 있다. 두 사람은 수년간 친구처럼 지내왔다.

지역의 다른 농부들 모두 같은 상황이다.

소피텍스 사는 얼마 전부터 거대 농산물 업체인 몬산토 및 신젠타와 협력하고 있다.

"농업부 장관이 유전자조작 면화를 재배하는 사람은 더 성공할 거라고 말했어요."

클라우디아 기자가 취재했던 어느 소농(小農)은 이렇게 말했다. 이 세계 최빈국에서도 이미 수확량으로 새 유전자조작 종자를 평가하고 있으며, 아울러 꽃가루 비산(飛散)에 의한 환경 오염 가능성도 조사하고 있다. 그런데 신젠타 그룹의 공식 홈페이지에는 이와 관련하여 다음과 같은 글이 게재되어 있다.

"부르키나파소 정부의 협력하에 유전공학적으로 개량된 면화의 통제 시스템을 개발하는 것은, 현지 농부들에게 새롭고 경제적인 면화 재배법을 제공하기 위한 것이다."

어이없는 일이라 할 수밖에 없다. 그렇기에 라울 웨드라오고는 구이도 에프너와 하인츠 쉬르히의 연구에 큰 의미를 둔다.

"이건 아프리카 전체에 중요한 일입니다. 이 발견이 농업의 관행을 혁신하고, 논란을 몰고 돌진해오는 수많은 서구 다국적 농산업체에 제대로 한방 날릴 수 있을 겁니다."

시간이 촉박하지만 다니엘과 니쿤야는 서둘지 않고 침착하게 전기장 프로젝트를 준비하고 있다.

의문스러운 경쟁자

독일 만하임의 파워글라스 사는 두 사람과 마찬가지로 전기장 내에서의 생체물리 현상을 오래전부터 연구하고 있었다. 단, 이 회사는 좀 더 상업적 의도를 드러냈다.

2003년 3월, 처음으로 발표한 언론 보도자료에서 이 유리 생산업체는 새로운 종류의 전기장 축전 장치 개발을 이렇게 자찬했다.

"축전기뿐 아니라 전기장의 구성 요소로서 적합한(즉 배아에 유효한) 특징을 갖는 물질은 극히 드물다. 이제 파워글라스에 의해 그 기본적인 기술을 크게 단순화된 방법으로 실현할 수 있게 되었다."

본디 파워글라스란 한 면에 박막 전도체를 입힌 안전유리로, 의료

기기나 광전자 기술 분야의 열기기로 사용된다. 전도체 물질이 여기서는 열전달 물질로 쓰이는 것이다. 회사의 보도자료에 따르면 "박막유리는 단열 기능 외에도 정전기장 구성에 필요한 정확한 특징을 지니기 때문에 '평판 축전기'로서 충분히 기능할 수 있다."라는 것이다.

파워글라스 사 개발팀은 여러 식물 품종, 특히 밀로 배아 실험을 했다. 그 결과 배아 상태에서의 성장은 25~50퍼센트 더 빨라졌으며, 씨앗이 훨씬 더 빨리 싹틈으로써 종자가 진균 및 해충의 피해를 입을 가능성이 현저히 줄어들었다. 보리, 귀리, 밀, 옥수수, 토마토, 콩, 대두 등 각 종자별로 전압의 세기와 지속 시간을 조정하여 같은 결과를 얻는 데 성공할 수 있었다.

몇몇 곡류의 경우 한 농업 연구소를 통해 야외에서도 실험을 검증했다. 이 경우 발아 시간이 크게 단축된 것에 더해 수확량도 25퍼센트가량 증가했다고 업체는 발표했다. 실험실에서의 실험 이후, 야외 실험으로 그 가능성을 다시 한 번 확인한 것이다.

"전기장 처리 이후 또 한 가지 놀라운 효과가 나타났다. 하이브리드 품종의 곡물은 수확 후에 발아 능력이 사라지는데, 전기장 처리 곡물들은 이후에도 다시 발아할 수 있었다."

이렇게 설명한 후 파워글라스는 마지막으로 한 가지 실험을 더 언급했다. 필리핀에 사는 한 개인이 전기장 처리를 한 강낭콩, 양파, 토마토, 무, 양배추, 사료용 무 등을 제공받아 직접 파종한 것이다.

"보통의 식용 작물은 그런 환경에서 무성한 잡초 때문에 어려움을 겪는다. 잡초의 성장 속도를 따라가지 못하기 때문이다. 그러나 전기장 처리를 거친 종자들은 성장 속도가 빨라 야생 잡초에 짓눌려 죽는 일이 일어나지 않았다. 예를 들어 강낭콩은 3주 만에 벌써 수확을 할 수 있을 정도로 자랐다."

이런 결과를 감안하여, 개발도상국을 위해 발전기, 배터리 혹은 태양전지로 가동되는 발아 장치를 생각할 수 있을 것이라고 회사는 2003년에 최종 결론을 내렸다.

"이런 가능성을 실현하기 위해 개발팀은 자본이나 마케팅 부문에서 프로젝트에 참여할 업체를 찾고 있다. 이를 통해 미래를 위한 전환점을 마련할 수 있을 것이다."

파워글라스의 사업 계획이 말 그대로라면 문제될 것이 없었다. 언젠가는 다른 회사들이 치바 그룹의 발견을 상업적으로 활용하는 데에 이르게 되리라는 것은 예견된 일이었다. 또 근본적으로 이 분야의 계속적인 연구는 당연히 환영할 만한 일이기도 했다. 하지만 왜 구이도 에프너와 하인츠 쉬르히, 심지어 치바 그룹조차 단 한 번도 언급되지 않았는가 하는 점은 의문이었다.

파워글라스 사의 홈페이지에 이 '새로운' 전기장 기술에 대한 정보를 전혀 찾을 수 없다는 점 또한 의문스럽기는 마찬가지였다. 전기장 실험이 자사가 직접 생산한 유리를 통해 어떻게 '크게 단순화'되었는지도 분명하게 설명되지 않았다.

독일의 특허등록부를 살펴보면 그 이유에 대해 단서를 찾을 수 있다. 2003년 10월 30일, 파워글라스 사의 사장 롤프 바이크 명의로 '종자 활성화 공정'에 관한 공개 특허신청서가 이곳에 등재되어 있다. 그런데 그 공정은 구이도 에프너 박사의 특허 문건과 내용 면에서 거의 일치한다. 어떤 표현은 구절 일부를 아예 그대로 따온 것처럼 보이기도 한다. 다음과 같은 문장이 그 예이다.

"새로운 공정을 개발하는 데 성공함으로써, 이전의 학설과 달리 정전기장 안에서 화학적·물리적 과정의 변화에 기초해 바람직하고 유용한 식물의 변화를 유도할 수 있게 되었다."

이 공개 특허신청서는 치바 그룹의 특허 문건 '어류 양식법'에 대해서만 한쪽 귀퉁이에서 언급할 뿐, 에프너 박사가 1997년에 취득한 유럽 특허 '생체물질 처리법'은 언급하지 않았다. 이 특허가 더 포괄적이고 내용이 자세하다는 점을 생각하면 납득하기 힘든 일이다.

나는 파워글라스의 롤프 바이크 사장에게 직접 전화를 걸었다. 전기장 실험과 관련하여 도대체 파워글라스 제품의 어떤 점이 그렇게 독창적인가 하는 점을 물어보았다. 답변은 애매했다.

"본래 우리가 생산한 유리는 어떤 목적을 위한 수단입니다. 다른 것도 있는데, 아마 그것이 더 적합하겠지요……."

2003년의 야외 실험은 실제로 매우 성공적이었으나, 상업적 개발은 더 시급한 현안 프로젝트 때문에 일단 뒤로 미뤄두었다고 한다. 더욱이 그런 논란 많은 제품에 투자할 투자자를 찾기도 쉽지 않았다고 롤프 바이크는 이야기했다. 실제 모든 실험은 전문가가 시행했으며, 그중에는 대학에 재직하는 전문가도 있지만 현 시점에서 그 이름을 언급하고 싶지는 않다고도 덧붙였다. 어쨌거나 그는 이 프로젝트를 계속 추진할 생각이 있었다.

결국 그는 전기장 프로젝트의 미래가 상업적으로 타협의 여지가 없는 것은 아니라고 판단한 듯했다. 다음과 같은 이야기에서 그의 의중이 드러났다.

"나름의 아이디어로 도움을 줄 사람들이 필요합니다. 자신의 방법만이 언제나 최고고, 또 가장 효율적이라고 주장할 수는 없는 일이니까요……."

아버지의 특허를 인수한 다니엘 에프너는 롤프 바이크의 행동을 물론 달가워하지 않았다. 하지만 법적인 문제로 불거지는 것을 원치는 않았다.

"어차피 그것 때문에 우리의 계획에 차질이 빚어지리라고는 생각하지 않습니다."

전기장 체험 프로젝트

니쿤야는 로테르담을 뒤로 하고 스위스 바젤란트를 향해 여행길에 올랐다. 그곳에서 동생을 만나 며칠 머물면서 한 가지 프로젝트를 함께 논의할 예정이었다. 그는 '제너두'라는 제목으로 관객과 상호작용할 수 있는 설치미술을 계획중이었다. 그것을 통해 관람객에게 전기장 효과를 생물학적으로뿐 아니라 정치적, 정신적으로 더 자세히 전달할 생각이었다. 그렇게 하여 아버지의 과학적 발견과 아들의 예술이 서로 결합할 수 있기를 그는 바랐다. 프로젝트가 아직 세부적인 단계까지 진척되지는 않았지만 기본 아이디어는 이미 확립되어 있었다. 두 형제는 활발한 토론을 시작했다.

::

니쿤야 영사막으로 둘러싸고 그 안에 철판을 두 개 세우는 거야. 가로 3미터, 세로 7미터로. 그 사이에 폭 9미터 정도의 전기장을 설치하는 거지. 관객들은 그 사이를 통과하면서 의식적으로 다른 상황 속으로 들어가는 거야. 그 안에서 뭔가를 남길 수도 있어. 금속판 위에다가 뭔가를 쓰거나 그리거나……. 아무튼 어떤 흔적을 남기는 거지. 물론 아무것도 하지 않고 그냥 지나갈 수도 있고 그냥 서 있어도 돼. 그렇게 하려면 아마 용기가 좀 있어야 할 거야……."

다니엘 전기장을 정말 사용할 생각은 아니겠지?

니쿤야 아니, 한다니까. 내 아이디어의 핵심이 바로 그거라니까!

다니엘 지나가려면 용기가 필요할 텐데. 뭔가 완전히 달라질 거라는 느낌이 들 거야.

니쿤야 사람들이 전기장을 켜고 끌 수 있겠지. 그게 지금 막 켜졌는지 꺼졌는지도 모르면서 말이야.

다니엘 나 같으면 안 지나갈 거야. 생물학적 변화를 하게 되는 거잖아.

니쿤야 사람들이 거기를 지나간다고 해서 발아 과정에 비교할 수는 없지. 안 그래?

다니엘 꼭 그런 건 아니지. 형의 몸은 늘 세포분열 중에 있어. 전기장이 거기에 어떤 영향을 줄지 알아?

니쿤야 (웃으며) 그건 차라리 과학자에게 맡기자. 농담 아니야. 나는 사람들이 그 상황을 분명히 알고, 또 의식적으로 새로운 상황이나 세상 속으로 나아갔으면 좋겠다는 거야.

다니엘 관객들이 지나가기 전에 전기장이 유발할 수도 있을 생물학적 변화에 대해 주의를 주는 문제를 생각해봐야 해. 실제로 어떤 변화의 가능성에 노출시키는 것이니까. 사람들의 불안감을 자극할 것 같은데?

니쿤야 그것도 맞는 말이야. 우리 모두는 매일같이 자신을 어떤 변화에 노출시키고 있는 거야. 만약 차가 빽빽한 도로를 건넌다면 언제라도 차에 치일 수 있다는 생각을 하겠지. 하지만 솔직히 말해서 몇 초 동안 전기장에 노출된다고 해서 인간의 몸 안에 뭔가 생물학적인 변화가 일어날 거라고 생각하지는 않아. 지금까지의 실험에서 생물학적 변화는 늘 발아 과정 속에서 일어났잖아. 그 단계에서는 전기장의 도움으로 특정한 유전적 상황이 한 유기체의 모든 세포에 제시되는 거야. 그 후에는 아무런 역할을 하지 않아.

다니엘 꼭 그렇다기보다는…….

니쿤야 그러니까 우리가 식물 하나를 전기장에 노출시키면, 내 생각에 그 식물은 자기가 어떤 환경에서 살지를 결정할 거라고 봐. 그러니까 현재와는 다른 환경에서 살게 되는 거지. 그런 결정은 늘 일어나는 게 아니라 단 한 번 하는 거야. 식물은 거기에 맞추어 자신의 특성을 배열하고, 성장하면서 그 특성이 거기에 맞게 발현하겠지. 그 부분에 대해서는 우리가 더 이상 바꿀 수가 없어.

다니엘 그건 가정일 뿐이야. 결론석으로 간난히 말하면, 발아 과정에서 실질적인 유전적 변화가 가장 강력하게 인식된다는 거야. 그런 다음 복제되는 세포가 많아지면 다시 줄어드는 거고.

니쿤야 하지만 구체적인 예로 양치류를 봐. 잎이 벌레 모양으로 성장할지 아니면 사슴 혀 모양으로 자랄지는 정말 엄청난 결정 아니냔 말이야. 이 유기체가 나중에 다시 한 번 더 전기장에 노출되어도 그때는 실제 상황에 아무런 변화도 일어나지 않아. 다시 말해서 그 결정은 배아 순간에 내려진다는 거야. 거기서 나중에 어떤 성질이 발현될지가 결정되는 거고. 그렇지 않아?

다니엘 솔직히 말해서 나는 100퍼센트 다 알지는 못해. 그래서 이렇게 토론에 붙이는 거지. 어쨌거나 형은 극도로 복잡한 유기체인 인간의 신체에 그것을 해보겠다는 거잖아. 인간의 몸은 그 자체로 엄청난 양의 발달 주기들을 가지고 있어. 빨리 자라는 세포는 빨리 죽지. 대표적으로 피부 세포가 그렇잖아. 신경세포 같은 것은 또 완전히 달라. 그런데 형이 갑자기 환경 변화를 유발한다면 그런 세포들이 다시 자신을 조정하지 않겠어? 뭐, 좋아. 어차피 관객들은 전기장에 몇 초 노출될 뿐이니까. 이렇게 최소한의 시간이라면 유의미한 것은 거의 없을 테니까.

니쿤야 바로 그거야!

다니엘 다만 내가 이의를 제기한 건, 이미 말했다시피 인간 유기체의 경우, 극도로 다양한 다수의 발달 주기와 관련되어 있다는 점

때문이야. 이런 주기 가운데 단 하나라도 다른 방향을 지향할
지 모른다는 것, 또 유기체에서 뭐가 되었든 한 부분을 변화시
킬 수 있다는 점을 이론적으로 배제할 수 없다는 거지. 나는 그
부분을 우려하는 거야.

::

마 치 는 글

수십 년 후면 인터넷도 고철이 될 것이다. 새로운 데이터 매체가 인터넷을 대체하여 더 가상적이고 더 복잡한 세상이 열릴 것이다. 그때가 되면 컴퓨터 자판과 이메일로 통신을 하던 시대를 웃으며 회상하리라. 우리가 오늘날 잉크 펜과 타자기를 추억하듯 말이다.

미래의 컴퓨터는 우리와 대화를 나눌 것이며, 현미경으로만 확인할 수 있는 작은 체내 삽입 물질이 여권이나 신용카드, 휴대전화를 대신하고, 우리의 건강 상태를 통제, 조정하게 될 것이다.

또한 어디서든 우리 몸의 각 부위 정보를 호출할 수 있을 것이다. 태어나면서부터 신체의 가장 미미한 움직임 하나하나까지 모두 저장될 테니 말이다. 가상 세계는 마치 너울처럼 지구를 뒤덮을 것이다. 그리하여 가상과 현실이 서로 뒤섞이리라.

미래 혁명은 데이터 세계에서 일어난다. 과학은 미지의 차원으로 돌진하고 해커는 우리 몸속으로 침투한다. 생각도 저장이 가능해진다. 감정도 마찬가지다. 기술이 얼굴을 갖게 될 것이다.

이런 이야기가 공포의 시나리오처럼 들릴지도 모르겠다. 인간은 예로부터 미래를 과소평가해왔지만, 미래는 언제나 우리 생각보다 더 빨랐다. 우리가 감히 꿈꾸었던 것보다 미래는 더 대담했으며, 우리가 가지려 했던 것보다 더 강력한 힘을 소유했다. 인간이 생각을 시작한 이래, 미래는 매일 새로운 그 무엇으로 우리를 놀라게 한다.

진보는 멈추지 않는다. 인간에 의해 그 진보라는 것이 끊임없이 이루어지기 때문이다. 그러나 유혹적인 전망일수록 그 효과는 더 예측하기가 힘들다. 좋은 의도로 시작한 새로운 일들은 동시에 언젠가 오용될 위험을 내포한다. 기술의 발달과 윤리의 발달은 갈수록 그 간격이 크게 벌어지고 있다. 우리는 어른의 능력으로 새로운 기술을 조립하고서, 어린이처럼 그것을 가지고 논다. 석기시대 인간의 손에 현대식 라이터를 쥐어주는 셈이다.

진정한 대안이 필요한 시대

오늘날 유전공학의 가능성이라 한다면, 미래에 특히 의학 분야에서 기적을 이룰 수 있다는 점이다. 하지만 한편으로 실질적인 통제 과정이 없다면, 온갖 말도 안 되는 일들이 난무할 수도 있다. 2006년 초, 타이완의 한 과학자가 자랑스럽게 언론에 알린 초록색 빛을 내는 돼지 같은 경우가 그렇다.

그 결과 대중의 불신은 증가하게 된다. 날로 뻗어나가는 세계화와 기술화에 대해, 경제적 이해관계를 초월하는 사회적 통제 기관은 더 이상 존재하지 않는다고 사람들은 생각한다. 또 도대체 지금 어떤 연구들이 수행되고 있는지 아무도 제대로 파악할 수 없게 된다. 연구 분야가 너무 세분화되어 전체를 조망할 수가 없다. 홍수같이 쏟아지는 정보도 혼란스럽기만 할 뿐이다.

과학자들 자신이 과거 어느 때보다도 더 큰 두려움에 직면해 있다고 말한다. 때로는 그 두려움을 어떻게 다루어야 할지 제대로 알지 못하는 경우도 있다. 구이도 에프너는 "자연계에서 새로 발견되는 모든 것들은 신기하게도 늘 부정적이고 유해한 것으로 평가를 받는다."라고 작고하기 수년 전 조금은 우울한 표정으로 인정했다.

두려움이란 전문가들만이 맥락을 파악할 수 있는 경우에 생겨난다. 그래서 에프너는 과학자가 아닌 사람들도 복잡한 지식을 이해할 수 있도록 하는 일에 많은 공을 들였다. 편견을 없애고 지식을 공유하기 위해서, 또 토론을 유발하기 위해서였다. 하인츠 쉬르히도 이 점에서는 마찬가지였다. 그러나 유감스럽게도 많은 학자들이 이런 자세를 갖추지 못한 상황이다.

그 사이 거대 산업체들은 엄청난 규모의 홍보부서를 운영하기 시작했다. 대중에게 자기네 기업의 관심사와 성과 및 개발 제품 등을 말과 이미지로 먹음직스럽게 포장하여 판매하기 위해서다. 이때 많은 부분이 전문가의 손을 거쳐 보기 좋게 표현되는 것은 당연한 일이다. 이렇게 자연과학 연구는 오래전부터 수익을 내는 사업이 되어버렸다.

여기에는 반드시 반작용이 필요하다. 대안적인 환경 친화적 기술이 그런 반작용이 토대가 되어주어야 한다. 그리하여 전 세계의 대중과 정치인 및 경제 주체에게 적어도 한 번은 곰곰이 생각해볼 만한 대안을 제시해야 한다. 모두를 위한 이런 대안들은 경제적으로 기존의 기술과 비슷한 수준의 이익을 보장하되, 독점 업체의 손에 즉각 떨어질 수 없는 형태로 시장에 나와야 한다. 자동차 산업과 에너지 분야, 그리고 세계의 농산물 시장에도 이런 대안이 필요하다.

진정한 대안만이 투자자를 대규모로 끌어들여 훗날 공정한 차원에서 국제적 진출을 도모할 수 있을 것이다. 투자자 중에는 실리주의자도 있지만 창의를 중시하는 이상주의자도 있을 수 있다. 또 정말 능력 있는 후원자들은 아이디어 자체를 중요시하고 이를 적극 장려한다. 큰돈을 만지는 것은 그들의 관심사가 아니다. 우리가 이렇게 크게 발전한 것은 결국 그런 사람들의 지원 덕분이다.

새로운 기회를 받아들일 것인가?

전기장이 식용 작물의 성장에 미치는 긍정적 효과는 지금까지의 실험이 보여주었다시피, 논란 많은 유전공학의 효과보다 훨씬 더 크고 지속적일지 모른다. 그런 점에서 이에 대한 연구는 계속될 필요가 있다. 학술적 차원에서가 아니라면 적어도 민간 경제 분야에서라도 이러한 연구가 계속되어야 한다.

미래에 대한 최종적 해법이라기보다는 이성적 대안으로서, 이 기술은 언젠가 상업적으로 응용되어야 한다. 평범한 농부들도 이익을 볼 수 있는 형태로, 재갈을 물리는 국제적 계약 없이 말이다. 과도한 수수료나 추가 구매 압박은 사라져야 한다. 그렇지 않으면 농부들은 단 한 번의 실패로도 파멸의 가장자리로 내몰릴 수 있다.

바젤대학교의 베르너 아르버 교수나 마인츠대학교의 군터 로테 교수 등 과학계의 저명한 대표 인사들이, 전기장 실험의 가능성을 직접 확인하고 지지했다. 또한 프라이부르크대학교의 에드가 바그너 교수는 현재 무대 뒤에서 구이도 에프너와 하인츠 쉬르히의 실험에 대해 추가 연구를 추진하고 있다.

공은 이제 과학계로 넘어갔다. 과학계 전문가들이 자신의 그림자를 뛰어넘을 수 있을 것인지 지켜볼 일이다. 많은 전문가들은 전기장 연구를 지지한 위의 교수들을 따를 것인가? 유명 재단들은 이 연구에 자금을 지원할 것인가? 또 언론인들은 이 신기한 전기장 효과에 대해 솔직하고 편견 없이 보도할 것인가?

사실 자체에 대해서는 이미 모두 알고 있다. 이제 그것을 지식으로 취해야 할 때다. 또 전기장이 어떤 원리로 유기체에 그처럼 독특한 작용을 하는지를 연구할 때다. 다니엘 에프너가 제안했던 것처럼, 혈액 배양 및 줄기세포 연구 분야도 이 주제를 기억할 필요가 있다. 구이도 에프너 박사는 이미 수십 년 전에 치바 그룹의 실험실에서 전기장을 이용하면 사람의 장기가 놀랍도록 잘 보존된다는 사실을 관찰한 바 있지 않은가!

니쿤야는 이렇게 강조했다.

"전기장 연구는 결국 추진되어야 합니다. 설사 오용의 위험이 있더라도 말입니다. 오용 가능성보다는 제3세계를 현재의 비참한 상황에서 벗어나도록 하는 것이 제게는 더 중요합니다."

윤리의 시작점과 종착점은 어디인가?

위의 이야기가 단순히 희망사항처럼 들릴지도 모르겠다. 그러나 이것은 적어도 바른 길을 향해 가는 첫 걸음이다. 오늘날 과학은 그 어느 때보다도 더 윤리적 문제를 깊이 파고들어야 한다. 발전을 향한 욕구와 책임 의식 사이에서 까다로운 줄타기를 해야 하는 셈이다. 다니엘 에프너는 이렇게 표현했다.

"윤리는 과학에게 도덕적 성찰을 요구합니다. 그리고 과학자들은 그런 도덕적 요구하에서 지식을 완성합니다. 일차적으로 과학자는 자기가 밝히려 하는 진리에 대해 의무를 지며, 그 진리 앞에 모든 개인적이고 물질적인 관심은 퇴색할 수밖에 없습니다. 동시에 과학자, 특히 자연과학자들은 연구 결과의 오용 가능성을 확인해야만 하며 연구 대상을, 심지어 사람까지 임의로 만들고 변형하고 없애는 사태가 일어나지 않을지 철저히 검토해야 한다는 책임이 있습니다."

윤리학자 한스 요나스는 자신의 저서 《책임의 원칙》에서 인간은 미래에 대해 책임을 지고 있으며, 따라서 후세대의 인간다운 삶을 고려한 가운데 자신의 행위를 숙고할 의무가 있다고 명확히 지적했다. 이에 따르면 자연과학에서 응용되는 생태 윤리는 인간이 자연을 맹목적으로 약탈하는 것을 막는 일을 과제로 삼는다. 후손들이 쓸 자원을 확보해주기 위해서다. 인간은 자기들의 약탈물을 대신할 수 있는 다른 길을 찾아내야 한다는 것이다.

이어서 다니엘은 '기술적으로 가능한 모든 것을 실제로 만들어야 할 것인가' 하는 물음을 던진다. 이는 과학자의 실험 행위를 자유 및 인간의 존엄성이라는 개념과 결부시키는 윤리적 질문이다.

"기술이란 인간과 그 권력에 따라 선하고 공익적인 목표에 쓰일 수도 있고, 악하며 수탈적인 목표에 투입될 수도 있습니다. 기술의 이면에 존재하는 이러한 양가성은 결국 개개인의 윤리도덕관에 영향을 받습니다."

이로써 모든 과학자는 인류뿐 아니라 자연에 대해서도 책임을 진다. 하지만 행위의 자유는 통제될 수 없다. "자유는 통제되는 순간 그 본질적 성격을 상실하기 때문"이다.

따라서 어떤 과학자가 선의로 인간과 자연에게 봉사하는 신기술을 개발했을 때, 미래에 일어날 비도덕적 이용 가능성에 대해서까지 의무를 지울 수는 없으며 그래서도 안 된다.

"과학자들이 미래에 대한 책임 의식 때문에 자신의 발견을 공표하지 못하는 일도 벌어질 수 있습니다. 그렇게 되면 특히 자연과학과 기술 분야에서는 혁신이 일어날 수 없지요."

우리의 존재에 더 큰 의미를 부여하고 더 성숙해지기 위해서는, 아직 알려지지 않은 새로운 곳으로 다가갈 필요가 절실하다.

"바로 지금이 어느 때보다도 의식적인 노력을 해야 할 때입니다. 모든 것이 단 하나의 거대한 우주적 단위를 형성하도록, 그리하여 우리가 감각적, 정신적으로 경험하는 여러 현실들이 서로 동떨어지지 않도록 해야 합니다."

과 학 의 　경 계 선 상 에 서

이런 맥락에서 현행의 과학적 방식이 지닌 약점에도 주목할 필요가 있다.

"자연을 설명하기 위한 자연과학적 보조 수단은 이론과 실험입니다. 이때 가설을 수립하고 실험을 통해 그것을 증명하거나 파기하게 되죠. 그러나 이런 방법은 부정확성을 이용합니다. 일련의 실험은 재현 가능성이라는 것을 통해 진리를 창출하고, 아울러 그것이 전반적으로 받아들여지게 됩니다."

이 재현 가능성이란 관찰 과정에서 특정 매개변수를 배제함으로써 생겨난다. 때문에 현상 상호 간의 보편적 관계가 미치는 본래의 영향을 왜곡할 수 있다.

"이 매개변수는 한편으로 그 체계와 상호작용 관계에 있지만 주목받지 않았거나 아직 알려지지 않은 에너지장일 수 있습니다. 다른 한편으로는 그 체계를 최초 실험 상태로 되돌리기란 불가능하다는 뜻입니다. 자연과학은 측정 방법에 의해 감각적 인지를 얻습니다. 정교하게 규정된 이 감각적 인지를 완결된 체계로서 간주하고 기술하기 때문에 오류에 빠지는 것입니다."

결과적으로, 연구를 통해 얻은 어떤 결과가 자연의 내적 의지에 따라 발전함으로써 같은 실험을 다시 반복할 수 없는 상황이 일어나기도 한다. 이것은 극복할 수 없는 난관이다.

"그런 결과는 과학으로 받아들일 수가 없습니다. 해석이라는 주관적 요소를 사실로 간주할 수 없기 때문입니다. 이렇게 재현이 불가능하다는 점 때문에 사람들은 그 이론이 잘못되었다고 믿곤 합니다. 그래서 사고 모델이 제도화되고, 자연과학은 새로운 영향에서 저절로 보호되며 동시에 잠재적으로 존재하는 자연과학의 내용적, 정신적 발전 모두가 방해를 받게 됩니다."

그렇기 때문에 자연을 더 잘 이해하기 위해서는 새로운 관찰 방향을 발굴해야 한다.

"이런 관찰을 할 때는 생체물리적 연구 방법이 특히 적합합니다. 우리는 이제 더 이상 부분에서 전체를 추론하지 않습니다. 통일된 전체로부터 그것을 구성하는 개별 요소의 가능성과 그 필연적인 특징을 추론합니다."

이렇게 관찰 방향을 전환하면 자유의 문제가 즉각 부상한다.

"왜냐하면 전체, 그러니까 총체로서의 자연은 결국 정적인 것이 아니라 역동적으로 움직이는, 스스로 발전하는 존재로 나타나기 때문입니다. 그렇기 때문에 관찰된 자연은 우리 안에서 살아가고 있는 정신성의 반영이자, 향후의 발전 방향을 선택하려는 자유의지의 반영입니다."

정신의 자유의지는 어떤 생각은 계속 파고들어가는 한편, 다른 생각은 그만두는 것을 허락한다.

"우리가 자연의 정신적 능력을 인정한다고 전제한다면, 자연도 마찬가지 반응을 보이겠지요. 자연이 지니는 이러한 정신적 능력은 인간의 정신적 능력을 통해 입증됩니다. 인간 자신이 진화한 자연의 산물이니까요. 그렇기 때문에 생체물리학적 연구는 자연이 지닌 바로 이 자유로운 형성 능력과 그 바탕이 되는 자연의 자유의지를 분석하고 이해하도록 노력해야 합니다."

다니엘 에프너는 이런 맥락에서 아직 미성숙 단계에 있는 혼돈 이론에 결정적 역할을 부여한다. 이 이론에 따르면 하나의 통일된 출발점에서 나와 평형 상태에서 크게 멀어진 시스템들이 적어도 두 개의 서로 분리된 최종 상태로 발전해간다는 것이다. 이렇게 발전 방향이 나뉘는 것을 혼돈 이론(원인과 결과 사이에 유연성이 개입한다고 보는 이론으로, 뉴턴의 고전적 역학이론과는 대립된다-옮긴이)에서는 '분기(分岐)'라고 한다.

"이 분기 모델을 자연에 적용하면 모든 진화 과정은 초기에 여러 가지 발달 가능성을 갖고 있다는 점이 분명해집니다. 또 모든 생명은 기본적으로 불안정하며 평형 상태와는 거리가 먼 것으로 간주해야 합니다."

초기 단계에서 미세한 환경 조건 등의 변화에 의해 향후 발전 방향이 크게 영향을 받거나 달라질 수 있다.

"이로써 자연의 진화에도 형태와 구성에 비약적 변화가 있을 수 있습니다. 이는 유전학의 '정보운반자 이론'에 대응하는 상호작용적 진화 개념이죠. 균형성 파괴라는 것은 자연계 내부에서는 환경의 영향에 근거할지도 모릅니다. 쉬르히 씨와 아버지가 전기장 자극을 주어 양식한 송어는 유전자형에서 뚜렷한 변화를 보여주었지만, 그 유전자형은 계통상 친족 물고기와 일치합니다."

식물에도 똑같은 이론을 적용할 수 있다.

"그래서 밀은 벼과의 친족 식물인 새포아풀과 비슷한 형태를 보인 것입니다. 옥수수는 꽃을 몇 배로 늘렸습니다. 이는 재배를 하지 않는 초본류에서 주로 나타나는 외형적 현상이지요. 같은 맥락에서 관중은 여러 갈래로 나뉜 잎 모양을, 나뉘지 않은 통 잎 모양으로 바꿔놓았고요."

모든 진화의 산물은 최소 두 영역으로 발전하지만 고전적인 방식으로 상호작용을 한다. 변화된 외적 조건으로 인해 새로운 불안정성으로 넘어가는 시점에 이르기까지 말이다. 그런 불안정성은 눈에 보이는 큰 현상뿐 아니라 현미경으로 보아야 하는 작은 영역에도 존재할지 모른다. 오랜 발전 과정을 거쳐서만이 아니라 일회적인 강력한 외적 조건 변화를 통해서도 이런 변화가 유발될 수 있다.

"자연계에서 진화를 통해 새로 만들어진 모든 것은 그런 불안정성을 근원으로 합니다."

이로써 과학적 연구에서는 사소한 영향이라도 대규모의 가시적 변화를 유발할 수 있음을 반드시 고려해야 한다는 것이다. 다니엘 에프너는 마지막으로 이렇게 말했다.

"저는 자연계의 환경이 물리적으로 바뀌었다는 사실을 토대로 그러한 발전을 연구하고, 우리로 하여금 거기에 다가갈 수 있도록 해주는 것이 생체물리학의 핵심 자산이라고 봅니다."

호 소 문

전기장 효과를 보다 많은 사람들에게 알리는 일에 동참하고 싶습니까? 또 그렇게 함으로써 전기장 효과에 돌파구를 마련하는 일을 돕고 싶습니까? 언론인, 정치가 또는 과학자에게 이에 대해 알려주시기 바랍니다. 친구와 지인들에게 설명해주십시오. 이 책에서 기술한 사실로 무장을 하고 관심을 보이는 사람들과 만나주십시오. 그리고 우리와 함께 작은 불꽃을 퍼뜨려주십시오. 들불처럼 번지기를 희망하면서 말입니다.

이 주제와 관련한 보다 자세한 정보에 관심이 있다면 아래로 연락해주시기 바랍니다.

Guido Ebner Institut
Postfach
CH 4143 Dornach
Switzerland

또는 필자에게 직접 연락하셔도 됩니다.

Luc Bürgin
Postfach
CH 4002 Basel
Switzerland
www.mysteries-magazin.com
www.urzeit-code.com